Xenophontas Passas

Comportamento do consumidor em relação à reciclagem de papel

Estudo de caso do município de Aigaleo, na Grécia

ScienciaScripts

Imprint
Any brand names and product names mentioned in this book are subject to trademark, brand or patent protection and are trademarks or registered trademarks of their respective holders. The use of brand names, product names, common names, trade names, product descriptions etc. even without a particular marking in this work is in no way to be construed to mean that such names may be regarded as unrestricted in respect of trademark and brand protection legislation and could thus be used by anyone.

Cover image: www.ingimage.com

This book is a translation from the original published under ISBN 978-3-659-85573-3.

Publisher:
Sciencia Scripts
is a trademark of
Dodo Books Indian Ocean Ltd. and OmniScriptum S.R.L publishing group

120 High Road, East Finchley, London, N2 9ED, United Kingdom
Str. Armeneasca 28/1, office 1, Chisinau MD-2012, Republic of Moldova, Europe
Managing Directors: Ieva Konstantinova, Victoria Ursu
info@omniscriptum.com

Printed at: see last page
ISBN: 978-620-8-56584-8

Xenophontas Passas

Comportamento do consumidor em relação à reciclagem de papel

Índice:

Comportamento do consumidor em termos de reciclagem de papel.
Estudo de caso O Município de Aigaleo na Grécia

RESUMO

A reciclagem pode ser considerada como a resposta mais adequada da ciência e da tecnologia contemporânea ao problema dos resíduos, que é um dos problemas mais importantes da sociedade moderna. Atualmente, a reciclagem pode ser considerada como uma componente essencial da gestão de resíduos. O objetivo deste estudo é explorar os factores que impulsionam a reciclagem e, em particular, a reciclagem de papel no município de Aigaleo. Para atingir este objetivo, foi realizada uma revisão da literatura e uma investigação primária.

A investigação primária baseou-se na utilização de dados multicamadas, que foram obtidos através de um inquérito por amostragem a 355 cidadãos do município e 50 empresários que gerem os seus negócios no município de Aigaleo. O processo de distribuição e recolha dos questionários foi realizado durante o período de 1/3/2013 a 20/3/2013. Foi pedido aos inquiridos que respondessem a questões relacionadas com o seu comportamento, atitudes e opiniões sobre a reciclagem e a reciclagem de papel.

Esta investigação revelou que há factores específicos que afectam o comportamento de reciclagem dos cidadãos do município de Aigaleo. Superficialmente, o rendimento mensal líquido, o nível de sensibilização dos cidadãos para as questões ambientais, a sensibilização dos cidadãos para a utilização dos contentores azuis, o seu incentivo à reciclagem por parte da família e dos amigos e os incentivos financeiros são factores estatisticamente significativos para o comportamento de reciclagem dos cidadãos.

No que diz respeito aos factores que afectam a frequência de reciclagem dos cidadãos, a análise dos dados revelou que o rendimento familiar mensal líquido e a participação em programas de reciclagem voluntária são factores estatisticamente significativos para a frequência de reciclagem. Além disso, a atitude dos cidadãos relativamente à reciclagem do alumínio está positivamente associada à frequência de reciclagem.

No que diz respeito às empresas, a análise dos dados revelou que poucos e muito específicos factores afectam o seu comportamento de reciclagem. Especificamente, o rendimento da empresa e o nível de satisfação dos proprietários de empresas com os serviços de limpeza do município são factores estatisticamente significativos para o comportamento de reciclagem das empresas.

Por último, os resultados desta investigação mostram que a idade dos empresários, a dimensão da empresa, o conhecimento dos empresários sobre a forma como são pagas as taxas de limpeza municipal, a concordância dos empresários com a afirmação *"se o município de Aigaleo disponibilizasse contentores especiais para a reciclagem de papel em interiores, participaria no programa de reciclagem"* e o seu conhecimento sobre a reciclagem de folha de Flandres são factores estatisticamente significativos para a quantidade de resíduos sólidos que vão parar aos contentores convencionais.

Palavras-chave:

Reciclagem, resíduos sólidos residenciais, reciclagem do consumidor e do papel, comportamento do consumidor e reciclagem, factores determinantes da reciclagem, município de Aigaleo, Grécia.

AGRADECIMENTOS

Gostaria de agradecer calorosamente aos professores da Universidade Harokopio de Atenas que me ajudaram a concluir este estudo. A minha orientadora, Prof.ª Roido Mitoula, pela sua valiosa assistência, orientação e apoio que me deu durante a redação da minha tese. Gostaria também de agradecer às minhas professoras Theodoropoulou Helen e Sardianou Helen que, graças aos seus conselhos completos e metódicos, me ajudaram a concluir esta tese.

Esta tese é dedicada aos meus pais, Alexios e Aimilia Passa, e, claro, aos meus irmãos Theodore e Eleftheria, que me apoiaram mais do que ninguém nos meus esforços para atingir os meus objectivos pessoais na vida. Agradeço-lhes profundamente e sinto-me muito feliz por sermos uma família!

Um agradecimento especial ao meu irmão Theodore Passas, professor do ensino secundário em assuntos religiosos, que me ajudou na tradução da minha tese do grego para o inglês.

Capítulo 1

A GESTÃO DOS RESÍDUOS SÓLIDOS NO MUNICÍPIO DE AIGALEO

1.1 A fisionomia do município de Aigaleo

1.1.1 Elementos topográficos (Delimitação - Planeamento da localização Integração da gestão)

Atenas Ocidental é uma parte indispensável da área metropolitana da capital que, por razões históricas, geográficas, financeiras e urbanas, tem as suas próprias caraterísticas específicas. Abrange nove municípios que constituem a Associação de Desenvolvimento da Ática Ocidental (W.A.D.A.), ou seja, os municípios de Santo Anargiroi, Santa Varvara, Aigaleo, Zefiri, Ilion, Kamatero, Peristeri, Petroupolis e Chaidari. O município de Aigaleo pertence à subdivisão espacial da bacia de Atenas, de acordo com a disposição da Lei. 1515/85 para o "Plano de Regulação e Proteção Ambiental de Atenas". Administrativamente, pertence à Prefeitura de Atenas da região da Ática e, mais especificamente, pertence ao Setor Ocidental da Prefeitura de Atenas.

A identidade do Município de Aigaleo refere-se à cidade que funciona essencialmente como a "capital" num nível de unidade geográfica. De facto, o centro administrativo e comercial de Aigaleo é o centro de serviços supra-local para todos os municípios de Atenas Ocidental e não só. Situado numa posição central na bacia ocidental, com as funções disponíveis, é um pólo de atração para os municípios vizinhos, quer pertençam à zona mais vasta do Pireu ou de Atenas. Aigaleo estende-se por uma área total de 650 hectares, dos quais 538 hectares correspondem à área legislada. A extensão da parte não legislada, 112 ha, diz respeito à área de Eleonas, a maior parte da qual é ocupada por grandes instalações industriais e de fabrico. Aigaleo é um dos municípios mais antigos do país e sempre foi um pólo de atração para os habitantes. Com base nos dados oficiais do NSS, pode estimar-se uma densidade bruta média de 147,8 por / ha, enquanto a densidade líquida média é de 295,7 por / ha. No que diz respeito à estrutura da população economicamente ativa, é evidente que o sector secundário se sobrepõe ao terciário, que apresenta um potencial significativo.

Aigaleo estende-se numa área relativamente suave, com uma altitude média de 50 m acima do nível do mar, na parte sudoeste da bacia de Atenas. A norte, faz fronteira com o município de Peristeri, a leste com o município de Atenas, a sudeste com o município de Tavros, a sul com o município de Nicéia, a oeste com o município de Santa Bárbara e a noroeste com o município de Chaidari. É atravessada pela Iera Odos de leste para oeste e pela rua Thivon de norte para sul. Residencialmente está dividida em 4 distritos e 19 bairros com um uso institucionalizado o de habitação geral. Assim, apresenta grande infiltração de todos os usos dentro das áreas residenciais resultando em desconforto e conflito. O longo passado da cidade e, ocasionalmente, as diferenciações dos termos estruturais oficiais criaram um ambiente de construção muito desorganizado. O Coeficiente de Edificabilidade médio permitido atualmente é de 1,6, o que mostra sérios indícios de conclusão em contraste com a cobertura real que provavelmente já está esgotada.

A cidade de Aigaleo não só apresenta uma elevada dispersão de usos, como também centros de elevada dispersão, que continuam a desenvolver-se. Em contraste com a insuficiência de espaços livres e equipamentos sociais, em função da população e da importância da cidade, a concentração comercial é desigualmente alargada, dispersa e ultrapassa a medida necessária e desejável. O comércio grossista ocupa uma área de cerca de 200 hectares.

Gerados a partir das necessidades reais da cidade e da sua população, mas também por exigências da cidade moderna, especialmente como centro de toda uma unidade geográfica, os problemas da cidade de Aigaleo dizem respeito:

- Zonas residenciais muito degradadas
- Deficiências nos equipamentos sociais e nas infra-estruturas sociais e técnicas
- Planeamento, desenvolvimento e organização da cidade.[1]

1.1.2 Origem geográfica dos habitantes de Aigaleo - movimento de imigração

Nesta secção é necessário obter uma imagem clara da composição social e demográfica do núcleo original da população que vivia em Aigaleo e observar melhor a extensão das mudanças que ocorreram até hoje.

A partir de uma análise estatística realizada pela Câmara Municipal de Aigaleo numa amostra de três mil e quinhentos registos civis de documentos de casamento de 1934 a 1990 e ainda mais em três mil e quinhentos certificados de óbito desde os primeiros vinte anos da fundação da comunidade até aos dias de hoje, surgem conclusões muito úteis sobre a identidade da Câmara Municipal de Aigaleo.

Com base nestes dados e no local de nascimento dos residentes, verifica-se que, em meados da década de 1950, um em cada três residentes era um refugiado da Ásia Menor, tendo a maioria nascido em

[1] (Associação de Desenvolvimento da Ática Ocidental), (Michiotis, 1998) (The Hall, 2002), (Passas, 2010)

Constantinopla, Izmir e Antalya (35,2% da população). Este núcleo inicial de refugiados, a partir do qual a colónia foi inicialmente criada, foi rapidamente enriquecido por migrantes internos. Esta vasta migração interna, que começou em 1950, reflecte-se na composição da população em 1990-91, onde não mais de 15% dos residentes da cidade nasceram em Aigaleo, , enquanto 40% nasceram noutro município da capital ou algures na Ática. 33,5% da população provinha do resto da Grécia e um em cada dez nasceu no estrangeiro. Além disso, a migração interna no primeiro período foi alimentada pelas ilhas do Egeu, pelo Peloponeso e pela Grécia Central, enquanto nas décadas seguintes os imigrantes vieram principalmente do Peloponeso, da Grécia Central e da Macedónia. Aigaleo, durante as décadas de 1960-1970, constituiu um local de estabelecimento para os gregos repatriados dos Estados da Europa de Leste. Em 1980, instalaram-se muitos imigrantes e refugiados estrangeiros, principalmente do Iraque e do Paquistão, e depois, na década de 1990, gregos de Pontiac, epirotas do Norte e albaneses. Nos últimos anos, instalaram-se na cidade de Aigaleo imigrantes e refugiados estrangeiros, principalmente albaneses (49,42% da população estrangeira), iraquianos (21,37%), paquistaneses (7,68%) e romenos (3,38%) e outros (18,15%) dos Balcãs, da Ásia e da Europa. De acordo com o recenseamento de 2001, o número de estrangeiros residentes no município de Aigaleo ascende a 5.530. [2]

Quadro 1-1. Local de nascimento dos residentes de Aigaleo, 1934-1953 e 1990-1991 (%)

Local de nascimento	1934-1953	1990-1991
Aigaleo	18,3	12,2
Atenas-Attica	21,3	43,8
Resto da Grécia	24,6	33,5
Ásia Menor -Constantinopla - Pontos	35,2	0,2
Outros países	0,6	10,3
Total	100	100

NB: Para o período de 1934-1953, os dados provêm do processo dos documentos de registo civil de óbito de cada período respetivo. Para o período 1990-1991, os dados provêm do processo de mil casamentos que se realizaram ao longo destes anos.

1.1.3 Caraterísticas demográficas dos residentes

Nesta subdivisão, continuando o estudo da identidade do Município de Aigaleo, estudaremos algumas caraterísticas demográficas básicas dos residentes de Aigaleo. As caraterísticas que serão analisadas nesta secção são: o local de nascimento, a mortalidade, o nível de educação e o mercado de trabalho dos residentes.

Os dados sobre as caraterísticas demográficas e socioeconómicas da população do Município de Aigaleo foram retirados do Serviço Nacional de Estatística da Grécia (a seguir designado "SEN") e, em particular, do recenseamento oficial da população da Grécia em 2001. A fim de chegar a conclusões no que respeita à formação do quadro demográfico da área de estudo, foi efectuada uma comparação das suas caraterísticas com os elementos correspondentes do recenseamento de 1991.[3]

1.1.3.1 Evolução da estrutura da população

As caraterísticas básicas da estrutura etária da população do município de Aigaleo são as seguintes

- As mulheres constituem 50,67% da população total, enquanto os homens representam os restantes 49,33%.
- A maior proporção da população total tem idades compreendidas entre os 25 e os 39 anos e a menor percentagem tem idades superiores a 80 anos. -

[3] (Michiotis, 1998), (Arquivos do Município de Aigaleo), (16ª Escola Primária, 2006-2007), (Passas, 2010)

- Os jovens entre 0-24 anos e as pessoas de meia-idade entre 55-64 anos diminuíram em comparação com o

[2] (Arquivos do Município de Aigaleo), (Bournova, 2002), (16.ª Escola Primária, 2006-2007), (Michiotis, 1998), (Passas, 2010)

censo anterior.

• A população com idades compreendidas entre os 65 e os 79 anos, em comparação com o censo anterior, aumentou 28,25%, enquanto a população com mais de 80 anos aumentou 14,14%.

• Embora a população masculina tenha registado um ligeiro aumento de 0,46%, as idades entre os 0-14 anos e os 55-64 anos diminuíram.

• A população feminina registou um decréscimo de 2,08%, com a maior redução a verificar-se entre os 55-64 anos.

A apresentação da estrutura etária tem como objetivo principal examinar dois parâmetros. Em primeiro lugar, o nível de envelhecimento da população e, em segundo lugar, a proporção de grupos "produtivos" na população total. Em particular, o índice de envelhecimento reflecte a proporção da população com mais de 65 anos em relação à população com menos de 14 anos, enquanto o rácio de dependência reflecte a proporção de "não-produtivos" (0-14 e 65+) em relação às idades produtivas (15-64 anos).

De acordo com o acima exposto, em 2001 o índice de envelhecimento do município de Aigaleo é igual a 1,06. As taxas do índice indicam que por cada 100 pessoas com menos de 14 anos correspondem 106 pessoas com mais de 65 anos. Da mesma forma, o rácio de dependência é igual a 0,40. As taxas do índice indicam que para cada 100 pessoas em idade "produtiva" correspondem 40 pessoas em idade "não produtiva" na área de estudo. Os índices de envelhecimento e de dependência relevantes no recenseamento de 1991 eram de 0,56 e 0,43.

1.1.3.2 Nível de educação

A estrutura da população por nível de ensino é apresentada nos quadros e gráficos seguintes. O principal fenómeno observado na área de estudo em relação a este parâmetro demográfico é a elevada proporção de pessoas com educação típica (ensino básico e secundário), juntamente com a baixa proporção de pessoas com nível de educação superior e mais elevado. (Educação Tecnológica e Universitária)

Mais especificamente, a maioria da população da área de estudo tem o ensino primário (30,14%), um valor que diminuiu em comparação com a década anterior (41,2%). Além disso, a percentagem da população que possui o ensino secundário atinge 12,54%, enquanto apenas 0,41% da população possui um mestrado ou doutoramento.

No que diz respeito ao nível de educação da população em função do género, observa-se que há mais homens do que mulheres que receberam educação superior e mais elevada e que há mais mulheres que abandonaram a escola primária, sabendo ler e escrever, ou não sabendo ler e escrever.

1.1.3.3 O local de nascimento e de mortalidade

Na verdade, no município de Aigaleo, na década de 1960, a melhoria das condições de vida é inegável, o que é indicado pelo número de nascimentos registados no registo. O número de nascimentos registados na década de 1960 no registo não constitui o total de nascimentos ocorridos em Aigaleo. De acordo com os dados, a taxa de fecundidade era de 14 ^ antes da guerra e 10, 5 ^ depois da guerra, quase 50% inferior ao índice no espaço urbano grego. Um indicador de natalidade tão baixo não corresponde, no entanto, à população jovem e dinâmica de Aigaleo. Isto pode dever-se, eventualmente, ao facto de um grande número de nascimentos ter sido realizado nas comunidades ou cidades de origem das mulheres grávidas, algo que na altura era bastante comum.

Até 1965, os nascimentos aumentam constantemente, acompanhando o aumento da população do município: são sobretudo nascimentos realizados em casa e não numa clínica, aparentemente devido à falta de dinheiro. Posteriormente, a melhoria das infra-estruturas e dos rendimentos dos residentes levou a que os partos fossem realizados na maternidade, tornando o parto domiciliário um fenómeno marginal.

A idade em que ocorre a morte constitui um dos indicadores mais essenciais e representativos das condições de vida dos membros de uma sociedade. Nas sociedades ocidentais, desde o século XIX e posteriormente, observa-se um aumento do tempo de vida, o que se deve à melhoria das condições de vida das pessoas e ao progresso da medicina.

Antes e imediatamente após a guerra, observa-se uma elevada mortalidade infantil e infantojuvenil. 25% dos óbitos registados na Conservatória do Registo Civil do concelho são de crianças que ainda não tinham completado o primeiro ano de vida. Ainda assim, as crianças que escaparam desta hecatombe viveram muito menos anos do que as crianças de hoje: a esperança média de vida antes da guerra, para aqueles que sobreviveram ao primeiro ano após o seu nascimento, era de 45 anos (42 para os homens, 49 para as mulheres). Nos anos seguintes, aumenta para 53 anos (52 para os homens, 54 para as mulheres). Este aumento súbito da esperança de vida dos habitantes de Aigaleo pode ser atribuído à grande peste da ocupação alemã que precedeu, dizimando não só os idosos mas também todos os seres humanos mais fracos.

Os problemas intestinais, a pneumonia, a tuberculose continuam a afetar toda a população, sobretudo antes da guerra. Tanto as crianças como os adultos morriam em casa e não num hospital, tratando as doenças com a ajuda do médico de família e dos medicamentos que lhe eram concedidos, sempre que houvesse, naturalmente, o dinheiro necessário. É caraterístico que antes da guerra em Aigaleo houvesse cerca de um médico por cada 2.500 habitantes. O crescimento populacional que se observa após a ocupação alemã deve-se ao afluxo de jovens imigrantes, facto que ainda hoje afecta a composição etária da população. Este crescimento populacional afecta e reduz drasticamente a taxa de mortalidade na cidade. Atualmente, a estrutura etária do município difere ligeiramente da estrutura do conjunto da capital. Mais concretamente, apresenta uma ligeira preponderância tanto dos jovens até aos 19 anos, como da população ativa, até aos 40 anos.[3]

1.1.3.4 . Evolução da população total

A extensão do Município de Aigaleo é de 6450 km2, o que corresponde a 1,4% do Distrito Capital. A população do Município de Aigaleo é de 77 917 pessoas em 2001. Segundo consta, durante a última década (Estatísticas Nacionais, censo de 1991) a população do município era de 78.563 pessoas. De acordo com o acima exposto, a população do Município de Aigaleo na década de 1991-2001 diminuiu 0,83%, diminuindo anualmente 0,08 pontos percentuais.

O município de Aigaleo é considerado uma área altamente povoada, em que cada quilómetro quadrado corresponde a 12.080 pessoas. Durante o censo de 1991, a densidade populacional era de 12.180 pessoas por km^2. Este valor, embora tenha diminuído na última década, continua a ser muito superior à média da área do Distrito (quase o dobro), e também significativamente superior à média nacional correspondente para todo o país (82,86 pessoas por km^2) e à média nacional para as áreas urbanas (408,37 pessoas por km^2).

Quadro 1-1. Caraterísticas demográficas do município de Aigaleo, recenseamento de 2001

Ano	Extensão (em quilómetros quadrados)	População (pessoa)	Densidade populacional (pessoa/km^2)
1991	6,450	78.563	12.180
2001	6,450	77.917	12.080
Alteração	0,00%	-0,83%	-0,82%

Fonte: N.S.S.G.

1.1.4 Caraterísticas socioeconómicas

1.1.4.1 O mercado de trabalho

O exame das caraterísticas da força de trabalho da área de estudo, de acordo com os dados do Recenseamento Geral da População pelo SEN para o ano de 2001, reflecte o carácter do mercado de trabalho do caso de estudo.

As caraterísticas básicas da mão de obra, do emprego e do desemprego, tal como se pode ver nos quadros seguintes, são as seguintes

- Em 2001, a participação da força de trabalho, ou seja, dos indivíduos considerados economicamente activos na população em idade ativa (15-64) é igual a 62,08% contra 54,70% em relação ao censo anterior de 1991.
- A intensidade do emprego, ou seja, a proporção de pessoas empregadas na população em idade ativa, é igual a 54,84% contra 49,20% no recenseamento anterior.
- A população ativa com menos de 25 anos em 2001 representa 15,35% da força de trabalho total da área de estudo, em comparação com 18% em 1991, quando se realizou o último recenseamento.
- A intensidade do desemprego (taxa de desemprego) no município de Aigaleo é de 13,20%, uma percentagem significativamente superior à da década anterior (10%).

O emprego nos sectores da atividade financeira em 2001 parece distribuído de forma desigual entre os três sectores financeiros da área de estudo. Mais especificamente, a taxa de emprego no sector terciário é igual a 65,33% (57,60% em 1991), no sector secundário é igual a 27,23% (34,70% em 1991) e no sector primário apenas 0,55% (0,40% em 1991).

[3] (Bournova, 2002), (Michiotis, 1998), (Passas, 2010)

1.1.4.2 Actividades financeiras / de produção

Desenvolvimento diacrónico em todos os sectores do município de Aigaleo

As actividades produtivas da região caracterizam-se por um claro predomínio do sector comercial, tanto em termos de empresas como de emprego, em segundo lugar pelo sector dos serviços e em terceiro lugar pelo sector da transformação. No entanto, as baixas qualificações profissionais e a falta de recursos humanos qualificados exigem acções coordenadas de aquisição de competências e de qualificação.

Setor da transformação

O sector da transformação na zona é caracterizado principalmente pelos sectores do fabrico de vestuário, fabrico de mobiliário, fabrico de produtos metálicos, indústria alimentar e de bebidas e fabrico de produtos de madeira e cortiça. Ao longo do tempo, os únicos sectores em que se verifica um aumento do número de empresas são os da transformação do couro, da impressão editorial e da produção de metais de base. Da mesma forma, o aumento do número de pessoas empregadas é visível nos sectores da transformação de couros, da indústria alimentar e de bebidas, da impressão editorial e da fabricação de máquinas e equipamentos.

Comércio (grossista - retalhista)

O comércio está a aumentar em vários sectores, enquanto que, em contrapartida, se observa uma tendência decrescente no comércio a retalho. A tendência decrescente no comércio a retalho deve-se tanto às condições adversas de planeamento urbano e de tráfego no centro comercial da cidade como à existência de fortes relações de dependência com o centro de Atenas.

No sector dos serviços dominam as empresas de restauração, transportes terrestres, actividades de apoio e actividades relacionadas com os transportes.[4]

1.2 Situação atual da gestão de resíduos no município de Aigaleo

O ambiente, a limpeza e o funcionamento quotidiano das grandes cidades suportam o peso da delapidação dos recursos naturais, da destruição das nossas belezas naturais, da utilização imprudente e descontrolada de produtos que poluem o ambiente após a sua utilização. As autarquias locais, que, nos termos da Constituição do país, são responsáveis pela gestão dos assuntos locais, procuram, através dos serviços oferecidos no sector da limpeza e da proteção do ambiente e da aplicação do presente regulamento:[5]

- A limpeza da cidade.
- Garantir a saúde pública.
- A melhoria geral da funcionalidade e da qualidade de vida da cidade.
- A proteção do ambiente natural, cultural e humano.
- Melhorar a atratividade e a funcionalidade das zonas comerciais.
- O reforço de métodos alternativos de gestão de resíduos que não prejudiquem o ambiente.
- Reforço de novas actividades económicas (empreendedorismo ecológico).
- A participação ativa dos cidadãos.

O regulamento e a política de cooperação do município com os residentes, os habitantes e, em geral, os utilizadores dos serviços de limpeza para a gestão dos resíduos sólidos são regidos pelos seguintes princípios e objectivos, tal como definidos no artigo 4º da Decisão Ministerial Conjunta 50910/2727/2003.

a. O princípio da precaução e da prevenção de resíduos, segundo o qual se pretende a limitação do volume total de resíduos e a redução dos efeitos nocivos para a saúde e para o ambiente, através da reutilização, recuperação e reciclagem de materiais, bem como da valorização energética sem poluição ambiental, de modo a reduzir a quantidade de resíduos para eliminação final, tendo em conta o custo financeiro e social.
b. O princípio do "poluidor-pagador", que coloca a tónica na responsabilidade do produtor de resíduos.
c. O princípio da proximidade segundo o qual os resíduos, sempre que possível, devem ser transportados para uma das instalações de tratamento ou eliminação autorizadas mais próximas, sempre que tal seja aceitável do ponto de vista ambiental e economicamente viável.
d. O princípio da correção dos danos ambientais.

A gestão de resíduos sólidos, tal como reconhecido no artigo 12º da Lei 1650/1986 para a proteção do ambiente, deve ser feita de forma a garantir que a saúde humana não seja direta ou indiretamente comprometida e que não sejam utilizados processos ou métodos que possam prejudicar o ambiente.

Mais especificamente, são tomadas medidas para

a) Não causar riscos para a saúde pública, nem para o ambiente, nem incómodos através de ruídos ou odores.
b) Não provocar a deterioração do ambiente natural e das zonas que apresentem um interesse ecológico,

---

[4] (Arquivos do Município de Aigaleo), (Bournova, 2002), (16.ª Escola Primária, 2006-2007), (Lyras, 2003), (Hadjipavlou 2002), (Michiotis, 1998), (Estudo do Programa Operacional do Município de Aigaleo, 2007-2010), (http://www.aigaleo.gr/), (Passas, 2010)

[5] (Estudo do Programa Operacional do Município de Aigaleo, 2007-2010), (http://www.aigaleo.gr/)

cultural e estético especial,

c) Poupar matérias-primas e possibilitar a sua reutilização.

As autoridades responsáveis pela gestão dos resíduos sólidos urbanos (RSU) são as autoridades municipais, que, no entanto, podem não aceitar a gestão de resíduos sólidos que, devido à sua composição, natureza ou qualidade e quantidade, não possam ser eliminados juntamente com os resíduos domésticos.

As autoridades responsáveis pela gestão dos resíduos sólidos podem ser outras pessoas singulares ou colectivas, após autorização do Presidente da Câmara. As colectividades locais são obrigadas a respeitar a hierarquia na gestão dos resíduos sólidos urbanos.

- Prevenção
- Reutilização
- Reciclagem
- Recuperação
- Enterro

As autoridades locais devem promover a triagem na fonte, de modo a que os fluxos de resíduos possam ser facilmente recicláveis e recuperáveis. As autoridades locais devem tomar todas as medidas para garantir que os resíduos sólidos urbanos não sejam depositados em aterros sem pré-tratamento, especialmente os biodegradáveis, que devem ser gradualmente desviados dos aterros.

1.2.1 O objetivo do presente regulamento

A limpeza da cidade e a proteção do ambiente são bens sociais que são garantidos e alcançados com a colaboração contínua dos habitantes e da autoridade municipal e são regidos por disposições que definem as suas obrigações e direitos.

O presente Regulamento de Limpeza 2011 do Município de Aigaleo é uma revisão de um anterior regulamento de 2008 "Ambiente Limpo" e pretende dar cumprimento à limpeza da cidade, garantir a saúde pública, a correta gestão dos resíduos - dos resíduos sólidos, a divulgação das disposições municipais pertinentes e a sua aplicação. As disposições do presente regulamento não afectam as disposições existentes na legislação em vigor.

O regulamento de limpeza está em harmonia com os termos e condições estabelecidos pelas seguintes leis e decretos ministeriais:

- L.1650/1986 sobre a proteção do ambiente (Jornal Oficial 160/A/10.18.1986)
- L.2939/2001 sobre embalagens e gestão alternativa de embalagens e outros produtos (OG179/TA/06.08.2001)
- Decisão ministerial conjunta 29407/3508/2002 Medidas e condições para a deposição de resíduos em aterros (Jornal Oficial 1572/TB/16.12.2002)
- Decisão ministerial conjunta 50910/2727/2003 Medidas e condições para a gestão dos resíduos sólidos. Planeamento da gestão nacional e regional (OG 1909/TB/22.12.2003).

Todas as decisões tomadas para a aplicação do quadro institucional acima referido que alterem ou alarguem os conceitos e as obrigações em matéria de gestão de resíduos são automaticamente acrescentadas como anexo ao presente regulamento relativo à limpeza do município de Aigaleo.

1.2.2 Responsabilidades

1. Sob a responsabilidade da Câmara Municipal de Aigaleo, encontra-se principalmente:

a) A limpeza de todas as áreas comuns da sua região territorial.

b) Recolha e gestão dos resíduos sólidos urbanos.

c) A proteção do ambiente natural e cultural, a proteção da vida e da saúde de todos os residentes.

d) O controlo do cumprimento das disposições relativas à limpeza, ao ruído, à proteção dos recursos hídricos superficiais e subterrâneos e à proteção do ambiente contra os resíduos sólidos, líquidos e gasosos.

e) Criação e funcionamento de laboratórios municipais ou comunitários e controlo dos resíduos líquidos, sólidos e gasosos e da contaminação dos solos.

2. A Câmara Municipal toma as decisões regulamentares locais que resolvem as questões de limpeza, de gestão dos resíduos sólidos e de proteção do solo contra a poluição. Estes regulamentos definem as circunstâncias em que as coimas são aplicadas e definem o montante da coima para cada caso, de acordo com o princípio do "poluidor-pagador".

1.2.3 Direitos e obrigações da Direção.

I. *Autoridades obrigadas a proceder à recolha e transporte de resíduos sólidos*, em conformidade com o artigo 7º do DMJ 50910/2727/2003.

a. A concentração e colocação em contentores de resíduos sólidos é da responsabilidade do proprietário, possuidor ou ocupante do espaço de onde provêm os resíduos, de acordo com as normas sanitárias aplicáveis, as disposições relevantes do Regulamento Geral de Edificações e os regulamentos de limpeza relevantes das Autarquias Locais (AL) de primeiro grau. A organização dos meios (contentores) de concentração e colocação dos resíduos urbanos é efectuada pelas Autarquias Locais de primeiro grau. Assim, a organização dos meios (contentores) de concentração ou colocação de resíduos não urbanos é da responsabilidade do proprietário, possuidor ou ocupante do espaço.

b. Os processos de recolha e transporte de resíduos sólidos são efectuados sob a responsabilidade das autoridades locais competentes de primeiro grau, de acordo com o disposto no artigo 8º da Decisão Ministerial Conjunta 50910/2003. As entidades acima referidas não podem aceitar resíduos sólidos, com exceção dos domésticos, que pela sua composição, natureza ou qualidade e quantidade ou pelo facto de serem produzidos em zonas inacessíveis e remotas não facilitam as operações de recolha e transporte. Nestes casos, a recolha e o transporte dos resíduos são da responsabilidade e a expensas do proprietário, possuidor ou ocupante da área de onde provêm os resíduos, nos termos do artigo 8º da presente decisão e com base na regulamentação sanitária aplicável e na regulamentação de limpeza de primeiro grau das autoridades locais.

II. Autoridades obrigadas a efetuar o armazenamento temporário, o transbordo, a valorização e a eliminação dos resíduos sólidos:

a. O armazenamento temporário, o transbordo, a recuperação e a eliminação dos resíduos sólidos são da responsabilidade do município enquanto Organização de Gestão de Resíduos Sólidos (OSWM), prevista no artigo 12.º da Lei 1650/1986. Para a realização destas tarefas de gestão, a OSWM deve obter as autorizações previstas no artigo 8.º do JMD 50910/2727/2003. A organização acima referida não pode aceitar resíduos, com exceção dos urbanos, que, devido à sua composição, natureza ou qualidade e à sua quantidade, não facilitariam as operações de manuseamento. Nestes casos, a gestão é da responsabilidade e encargo do proprietário, possuidor ou ocupante da área de onde provêm os resíduos e de acordo com as autorizações previstas no artigo 8º da presente decisão.

b. A OSWM é obrigada a elaborar os estudos necessários para obter a licença prevista no artigo 8.o do DMJ 50 910/2727/2003, bem como quaisquer outros estudos exigidos pela legislação em vigor.

c. A OSWM é responsável pelo funcionamento das instalações de gestão de resíduos existentes e pela implementação de projectos ou actividades estabelecidos pelo Plano Regional de Gestão de Resíduos Sólidos (RSWMP) autorizado e de acordo com os termos, medidas, restrições e condições específicas estabelecidas para os mesmos,

d. Antes do encerramento da instalação ou do local de eliminação ou valorização dos resíduos, a OSWM é obrigada a adotar as medidas necessárias para a reabilitação, restauro e tratamento posterior dessa instalação ou área, em conformidade com o artigo 9º do JMD 50 910/2727/2003.

III. Especialmente em termos de operações de gestão de resíduos de embalagens ou outros produtos sujeitos a reutilização ou recuperação, a Lei 2939/2001 é implementada, e mais particularmente o artigo 8, que estabelece que a gestão alternativa de resíduos de embalagens municipais é obrigatória para as autoridades locais, bem como as disposições dos regulamentos emitidos para a sua implementação. Para o processo de recolha de veículos abandonados, está em vigor o artigo 9.º do Decreto Presidencial 116/2004. Os meios de transporte antigos e os equipamentos ou peças que tenham sido abandonados são considerados resíduos sólidos e passam a ser propriedade do município ou da coletividade em causa.

1.2.4 Direitos e obrigações do município

O município de Aigaleo tem o direito e a obrigação de efetuar a limpeza de todos os espaços públicos municipais gerais que se encontrem no seu perímetro administrativo, bem como o direito e a obrigação de efetuar a gestão dos resíduos domésticos e outros nos termos dos artigos específicos do presente Regulamento.

O serviço de limpeza municipal que possui camiões de lixo e outros veículos especiais prepara o plano de gestão para cada categoria de resíduos.

A limpeza dos espaços públicos municipais é efectuada pelo pessoal do serviço de limpeza, tendo em conta as necessidades, as oportunidades e os meios disponíveis.

Para manter limpos os espaços exteriores (ruas, passeios, praças, etc.), o município é obrigado a colocar muitos caixotes do lixo elegantes e práticos ou outros contentores especiais para os restos de consumo, pequenos objectos, etc.

O município não é obrigado a gerir os resíduos urbanos específicos, os resíduos domésticos perigosos, os resíduos industriais e os resíduos especiais. A recolha e a remoção destes resíduos são da responsabilidade dos seus proprietários e detentores.

O município também não é obrigado a limpar os espaços privados e a rede viária não municipal.

O município é obrigado a informar os cidadãos sobre os programas e horários dos veículos de recolha de resíduos, das varredoras mecânicas, bem como de quaisquer alterações nos horários e dias de limpeza das ruas e zonas públicas.

O município é obrigado a procurar e a aplicar métodos modernos de limpeza, recolha e gestão dos resíduos sólidos urbanos.

O município deve manter em bom estado os meios de armazenamento temporário (contentores, caixotes do lixo, etc.) e velar pela sua lavagem, desinfeção e manutenção frequentes.

O município também é obrigado, em caso de emergência, a limpar a cidade quando necessário devido a condições climatéricas ou locais extremas.

Por fim, regista-se que o município é obrigado a notificar o presente regulamento aos munícipes e empresas do município, conforme previsto no artigo 79º do regulamento do município.

1.2.5 Reciclagem - Educação ambiental

O município assegura a aplicação de métodos alternativos e ambientalmente racionais de gestão de resíduos, contribuindo assim para a proteção do ambiente.[7]

Especificamente, na nossa cidade são implementados programas de rastreio para a reciclagem de matérias-primas e dispositivos eléctricos e electrónicos, baterias, bem como veículos abandonados, etc. Também podem ser desenvolvidos programas-piloto para a compostagem de resíduos verdes, resíduos domésticos e substituição de sacos de plástico de compras.

Os residentes e as empresas não devem misturar os resíduos reciclados com o lixo comum, mas sim separá-los e colocá-los em contentores especiais (azuis) instalados na sua área pela Câmara Municipal. Nos ecopontos (azuis) é expressamente proibido deitar outros materiais que não os reciclados (papel, vidro, alumínio).

Além disso, o Município, em cooperação com as escolas, planeia programas de sensibilização ambiental para os alunos.

Tabela 1-2. Categorias de resíduos sólidos Tabela de gestão resumida de acordo com o artigo 8

Categorias de resíduos sólidos				
		AL	**AL**	**Agregado familiar**
		Obrigados	**Pode ser efectuado**	**Resíduos**
1-RESÍDUOS SÓLIDOS URBANOS (RSU)				
RESÍDUOS DOMÉSTICOS				
1.1	Resíduos domésticos normais, dietéticos e vivos (resíduos biodegradáveis ou compostáveis ou orgânicos)	-		
1.2	Desperdício de embalagens	-		

1.3	Resíduos domésticos volumosos		-	-
1.4	Dispositivos elétrico-electrónicos		-	
1.5	Pilhas (portáteis)		-	-
1.6	Resíduos de jardinagem		-	-
FORA DOS RESÍDUOS DOMÉSTICOS				
2.1	Pacotes da loja	-		
2.2	Produtos de limpeza para as zonas municipais	-		
2.3	Veículos abandonados	-		
RESÍDUOS URBANOS ESPECIAIS				
3.1	Desperdício de actividades profissionais			-
3.2	Resíduos de escavação, construção e demolição (RCD)			-

3.3	Resíduos não transportados por meios convencionais			-
RESÍDUOS DOMÉSTICOS PERIGOSOS			-	-
2-RESÍDUOS INDUSTRIAIS				-
3- RESÍDUOS ESPECIAIS				-

Fonte: Proposta de Regulamento de Revisão da Limpeza do Município de Aigaleo, 2011

1.2.6 Dados sobre resíduos e reciclagem no município de Aigaleo[8]

A recolha dos resíduos e detritos é efectuada semanalmente, de segunda a sexta-feira, nos turnos da manhã e da tarde. Os camiões de lixo são esvaziados no aterro sanitário de Ano Liosia. De segunda a sexta-feira, é utilizada uma carrinha de recolha para objectos volumosos, bem como um carregador que ajuda a recolher vários objectos e detritos.[6]

Existe um programa semanal de limpeza das ruas. A cada varredor de rua correspondem vias específicas para que haja uma correta organização e eficiência na limpeza das vias municipais. A autoridade responsável pela limpeza das praças e parques infantis é a Divisão dos Jardins da cidade.

Todas as semanas, no nosso município, realizam-se seis mercados de rua, a saber

- Na segunda-feira, nas ruas Oikonomou e Kazantzakis.
- Na terça-feira, em Ierolochiton str.
- Na sexta-feira, Athanasiou Diakou, Delphon e City Hall str.

Logo após a conclusão do Mercado é efectuada a limpeza e lavagem completa da área, com recurso a vassoura e tanque de água, bem como a recolha de todo o tipo de resíduos.

O município tem em sua posse um veículo especial para a lavagem de contentores, que durante um período de dez dias completa a lavagem de todos os contentores do município de Aigaleo, contribuindo assim para uma limpeza e higiene óptimas. (No entanto já não se encontra em funcionamento, devido ao facto de não haver pessoal para o operar). -

[8] (Arquivos do Município de Aigaleo), (Estudo do Programa Operacional do Município de Aigaleo, 2007-

[6] (Arquivos do Município de Aigaleo), (Bournova, 2002), (16ª Escola Primária, 2006-2007), (Hadjipavlou 2002), (Estudo do Programa Operacional do Município de Aigaleo, 2007-2010), (http://www.aigaleo.gr/), (Passas, 2010)

2010), (http://www.aigaleo.gr/), (Passas, 2010)

Na zona industrial do nosso concelho, onde se deposita o lixo fora dos contentores e não se respeitam as regras óbvias de limpeza, há um camião do lixo diariamente com um horário semanal específico para a recolha do lixo. Desta forma, esta situação de descontrolo é atenuada.

Quanto às áreas convertidas em "pequenas lixeiras" que constituem fontes de contaminação, são realizadas acções de limpeza e remoção de todo o tipo de resíduos.

Na Instituição de Ensino Tecnológico de Atenas e Pireu, a recolha de resíduos é efectuada diariamente.

O município de Aigaleo está dividido em quatro quadrantes. O primeiro quadrante (parte superior direita sombreada a amarelo) começa em Iera Odos até à Avenida de Atenas e de Thivon até à Avenida de Kifissos. O segundo quadrante (parte sombreada a verde) parte de Iera Odos até à avenida de Atenas e de Thivon até à rua Kipoupoleos. O terceiro quadrante (parte sombreada a rosa) começa em Iera Odos até à rua Lycabettus Hill e de Thivon até Saint Marina - Nestos. Finalmente, o quarto quadrante (parte inferior direita sombreada a amarelo) começa em Iera Odos até à rua Petrou Ralli e de Thivon até Kifissos.

Mapa 1-1. Zonas de eliminação de resíduos

Mapa do município de Aigaleo com quadrantes coloridos

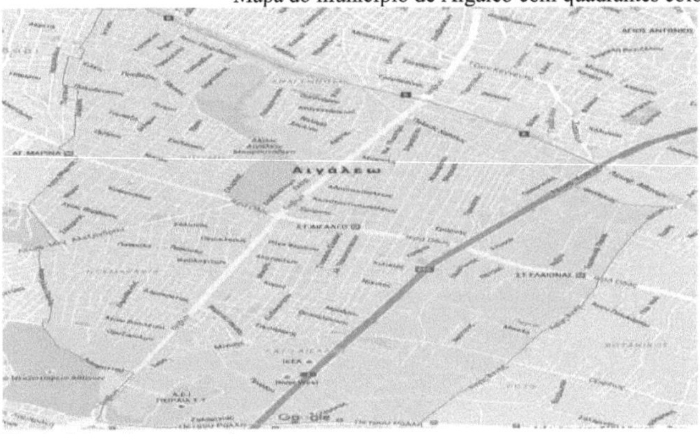

Fonte: https://www.google.gr

Manhã: (o turno começa às 04:00)

- Rua Prousis.
- Blocos de apartamentos
- Ntamarakia
- Lioumi (jardins)
- Fábricas (área fora do plano - zona industrial)
- Pequena prensa (para contentores que não cabem nos camiões de lixo maiores para os esvaziar)

Noite: (o turno começa às 22:00)

- Centro
- Centro (Estavromenos)
- Chipre
- São Constantino
- Ierápolis
- Lioumi (quadrado)
- Anagenisi str.
- 18º Complexo Escolar

Quadro 1-4. Total de caixotes do lixo

Centro	90	*Ierápolis*	168
Centro	108	*Kato lioumi*	61
Prousis	88	*Lioumi*	127

Blocos de apartamentos	114	*Ano Lioumi*	86
Cipriota	131	*Anagenisi*	107
Ntamarakia	99	18º Complexo Escolar	103
São Constantino	98	*misto*	119
Pequena imprensa	49	*Fora do plano*	250
TOTAL	**1798**		

Fonte: Arquivo da Câmara Municipal de Aigaleo

Regiões de reciclagem

Manhã: (o turno começa às 04:00)

- 2º e 3º quadrantes

Noite: (o turno começa às 22:00)

- 1º e 4º quadrantes

O último registo de contentores de lixo foi feito em 14/02/2011. Existem 1798 contentores de lixo e 731 contentores de reciclagem (contentores azuis). Os contentores têm uma capacidade de 1100 litros. Anteriormente, havia mais regiões, mas o número de regiões diminuiu devido à falta de pessoal.

Quadro 1-3. Total de contentores de reciclagem

1º Quadrante	149
2º Quadrante	136
3º Quadrante	148
4º Quadrante	161
Misto	137
TOTAL	**731**

Fonte: Arquivo da Câmara Municipal de Aigaleo

Reciclagem de papel

A quantidade semanal de papel reciclado é de 500 kg. (Mensalmente são aproximadamente duas toneladas). A recolha é efectuada uma vez por semana pela Associação Unida de Municípios e Comunidades (U.A.M.C), com os veículos da empresa. Estas quantidades são geridas pelo contratante da empresa. O município está envolvido na gestão das quantidades de papel impresso que são recicladas. Os maiores problemas que o município enfrenta na reciclagem de papel impresso, de acordo com as respostas dos funcionários do município, é o facto de as pessoas não saberem quais os materiais que entram no contentor do papel impresso, por outras palavras, os cidadãos não se aplicam à utilização "correta" do contentor. Não depositam nos contentores apenas os resíduos recicláveis adequados. No total, existem 30 contentores de reciclagem de papel metálico verde. De acordo com os dados de dezembro de 2009, os ecopontos de papel encontram-se nas seguintes posições, conforme indicado no Quadro 1-6.

Tabela 1-4. Posições dos contentores de reciclagem de papel no município de Aigaleo

1	Stefanou Sarafi & Veroias	16	Salaminos 10 str (Escola primária)
2	Oikonomou & Peloponnisou str. Instituto de Educação Tecnológica	17	Korai e Ellispontou str. (Praça)
3	Ch. Trikoupi & Kyparissias str.	18	Socrático e Aristotélico str.
4	lera Odos & Proussis str. (Igreja)	19	lera Odos 155 - carroçarias Ragkousis
5	Pergamou & Miaouli str. (Escola)	20	Riga Feraiou & Kapodistriou Str (Escola)
6	Micenas e Epidauro str (Escola)	21	Edessis & Heraklitou str.
7	Edessis & Pindou str.	22	Edessis & Pythagora str.
8	Serifou & Pindou str.	23	Pindou & Zakynthou str.
9	Pindou & Polydeukous str.	24	lera Odos & Soutsou str.
10	Rua Pericleous & Velestinou	25	N. Epirus & Argostoliou str.
11	lera Odos 300 OCG	26	Santa Ana 70 (PEC) 1
12	Rua Salaminos e Rua Aiginis (14.ª Primária)	27	Santa Ana 70 (PEC) 2
13	Edessis & Grammou str.	28	Santa Ana 70 (PEC) 3
14	Minoos e St. Sarafi str. (Praça)	29	Santa Ana 70 (PEC) 4
15	Oryzomylon e Epaminonda str. (Escola)	30	N. Épiro & Makris str.

Fonte: Arquivo da Câmara Municipal de Aigaleo

Para informar adequadamente o público, especialmente no que se refere à reciclagem de papel em contentores de papel especiais, a melhor forma seria distribuir material informativo através de jornais e revistas e, claro, a atualização dos cidadãos através da Internet. Além disso, uma forma importante de informar sobre a reciclagem de papel impresso seria a realização de palestras de especialistas em escolas, clubes e várias organizações, de modo a motivar devidamente os cidadãos.

A fim de informar o público sobre a reciclagem de papel impresso, o Município realizou acções significativas. Uma delas é a distribuição de material informativo através de jornais e revistas, o que significa informar sobre as acções no nosso jornal local "A nossa cidade". Além disso, são distribuídos folhetos nas residências e também são realizadas palestras por especialistas em escolas e clubes.

Reciclagem de aparelhos eléctricos

A reciclagem dos aparelhos eléctricos é efectuada pela empresa "Appliances Recycling SA". No parque de viaturas principal da Direção de Saneamento encontra-se um contentor para os dispositivos de armazenamento temporário. A recolha dos aparelhos eléctricos é feita em concertação com o serviço de limpeza, pelo que os cidadãos trazem o seu aparelho elétrico no passeio, no dia e hora combinados ou, em alternativa, carregam o aparelho na zona do depósito onde se encontra o contentor. Em 2011 e 2012 foram reciclados um total de 6.470 aparelhos eléctricos e electrónicos. Em 2011 foram reciclados 6290 aparelhos (700 em maio, 890 em julho e 4700 em setembro) e em 2012 foram reciclados 160 aparelhos eléctricos e electrónicos, todos em novembro. Até hoje (2013) foram reciclados 20 aparelhos.

Reciclagem de veículos abandonados

Em 2011 e 2012, 229 carros abandonados foram retirados para reciclagem. O município não dispõe de uma grua para a remoção dos veículos abandonados. No entanto, com base no PD 116/2004, o município pode celebrar contratos com particulares para o transporte dos veículos, de modo a cumprir a gestão alternativa de veículos.

Relatório dos resultados do projeto: RECICLAGEM DE RESÍDUOS

Quadro 1-5. LAs / GRUPO LAs: AIGALEO

MÊS: DEZEMBRO DE 2012

Caixas (12/2012)	731
Capacidade total das caixas (m^3)	1.114
Veículos autorizados	3
Recolha	187,38
Itinerários efectuados	40
Quantidades recolhidas (toneladas)	187,38
Carga de triagem média (AVC)	4,68
Resíduos	
Eliminação de resíduos (toneladas)	-

Dados do período acumulado 1/1/2012 - 31/12/2012

Recolha	**2.186.53**
Itinerários efectuados	604
Quantidades recolhidas (toneladas)	2.186,53
Carga de triagem média (AVC)	3,6
Resíduos	
Eliminação de resíduos (toneladas)	949,0

Fonte: Arquivo da Câmara Municipal de Aigaleo

Tabela 1-6: Calendário mensal de recolha dezembro

Data	**Prato**	**Quantidades (toneladas)**
1/12/2012	KHO 5150	2,84
1/12/2012	KHO 5137	3,56
3/12/2012	KHO 5137	6,67
3/12/2012	KHO 5150	4,5
4/12/2012	KHO 5199	4,71
5/12/2012	KHO 5150	5,58
5/12/2012	KHO 5199	4,6
6/12/2012	KHO 5199	2,78
6/12/2012	KHO 5199	3,38
7/12/2012	KHO 5137	2,76
7/12/2012	KHO 5150	2,04
7/12/2012	KHO 5137	3,78
8/12/2012	KHO 5199	2,66
8/12/2012	KHO 5150	4,8
11/12/2012	KHO 5137	5,04
11/12/2012	KHO 5199	6,52
11/12/2012	KHO 5150	4,72
13/12/2012	KHO 5199	6,13
20/12/2012	KHO 5199	7,34
20/12/2012	KHO 5150	6,8
20/12/2012	KHO 5199	6,66
20/12/2012	KHO 5199	3,66
21/12/2012	KHO 5150	4,47
21/12/2012	KHO 5137	3,51
21/12/2012	KHO 5199	3,42
22/12/2012	KHO 5150	5,18
23/12/2012	KHO 5137	3,4
23/12/2012	KHO 5137	5,61
24/12/2012	KHO 5199	3,11
24/12/2012	KHO 5199	5,29
27/12/2012	KHO 5199	6,14
27/12/2012	KHO 5199	6,1
28/12/2012	KHO 5137	2,32
28/12/2012	KHO 5199	3,28
29/12/2012	KHO 5137	5,65
29/12/2012	KHO 5199	4,33

29/12/2012	KHO 5199	2,49
31/12/2012	KHO 5137	6,88
31/12/2012	KHO 5137	8,68
31/12/2012	KHO 5199	5,99
	Total	**187,38**

Fonte: Arquivo da Câmara Municipal de Aigaleo

Quadro 1-7. L LAs/ GRUPO LAs: AIGALEO
MÊS: FEVEREIRO DE 2013

Caixas em utilização (2/2013)	731
Capacidade total das caixas (m^3)	1.114
Veículos autorizados	3
Recolha	
Itinerários efectuados	63
Quantidades recolhidas (toneladas)	258,72
Carga de triagem média (AVC)	4,11
Resíduos	
Eliminação de resíduos (toneladas)	119,00

Dados do período acumulado 1/1/2013 - 28/2/2013

Recolha	
Itinerários efectuados	128
Quantidades recolhidas (toneladas)	518,35
Carga de triagem média (AVC)	4,0
Resíduos	
Eliminação de resíduos (toneladas)	243,00

Fonte: Arquivo da Câmara Municipal de Aigaleo

Total de resíduos de trânsito eliminados pelo município de Aigaleo por mês

Tabela 1-10. Trânsitos e peso dos resíduos por mês para o município de Aigaleo

Município de Aigaleo	ROTAS	PESO DOS RESÍDUOS
janeiro de 2012	452	3.916.671
fevereiro de 2012	322	2.244.914
março de 2012	364	2.605.450
abril de 2012	323	2.419.797
maio de 2012	382	2.523.890
junho de 2012	383	2.605.850
julho de 2012	377	2.340.459
agosto de 2012	356	2.009.880
setembro de 2012	384	2.388.980
outubro de 2012	372	2.563.953
novembro de 2012	351	2.541.857
dezembro de 2012	294	2.258.260
Total	**4.360**	**30.419.961**

Fonte: Arquivo da Câmara Municipal de Aigaleo

Tabela 1-8. Total de resíduos do município de Aigaleo

Total de resíduos do município de Aigaleo U.A.M.C (kg)			
2009	*2010*	*2011*	*A" Semestre de 2012*
41.241.528	42.325.850	34.363.497	15.808.846

Fonte: Arquivo da Câmara Municipal de Aigaleo

1.2.7 Acções em curso e acções futuras do Município[9]

O município de Aigaleo tem um programa de reciclagem desde 2006, num total de sete anos. Os materiais que são reciclados são: papel impresso (jornais, revistas, folhetos publicitários, livros, etc.), vidro, plástico, alumínio e dispositivos de folha de Flandres.

O município participa em importantes actividades destinadas a proteger o ambiente através da reciclagem. Recentemente, o Município participou nas Grandes Festas da Reciclagem. A Reciclagem Recíproca, o Sistema Coletivo Nacional para a Gestão Recíproca e Reciclagem de Resíduos de Embalagens, organizou as "Grandes Festas da Reciclagem Recíproca para os alunos" de 28 de fevereiro a 19 de abril de 2013. Esta iniciativa teve como objetivo sensibilizar e familiarizar as crianças, bem como os adultos, com o processo de reciclagem. No âmbito desta iniciativa, as escolas primárias e

[9] (Arquivo do Município de Aigaleo), (http://www.aigaleo.gr/), (16ª Escola Primária, 2006-2007), (Bournova, 2002)

alunos do ensino secundário (por divisão escolar), foram convidados a reciclar embalagens de metal, plástico e vidro nos Centros Integrados de Reciclagem Recíproca e a ganhar brindes como recompensa pela sua participação ativa na proteção do ambiente.

Além disso, o Município colabora com a AFIS (empresa de reciclagem de aparelhos portáteis) para a reciclagem de pilhas, colocando contentores específicos em pontos-chave da nossa cidade. Além disso, em setembro de 2012, em conformidade com os esforços do município e do Gabinete de Educação Ambiental do Ensino Básico de Atenas para sensibilizar os alunos e promover a reciclagem nas escolas, participou por mais um ano consecutivo no programa do Ministério da Educação **"Reciclagem nas escolas - mudança de comportamentos"** implementado pela Greek Recovery Recycling Corporation.

A descrição técnica do programa de reciclagem de materiais de embalagem é a seguinte: a) Colocação no pátio da escola de um contentor especial de 360lt com rodas azuis e o autocolante especial "o que é a reciclagem". b) Enchimento do contentor com materiais recicláveis pelos alunos. (por exemplo, material de embalagem da cantina). c) Enchimento do contentor com material reciclável das salas, escritórios, etc. (os materiais serão transferidos sob a responsabilidade da comunidade escolar para o balde do pátio). d) Transferência do contentor ou do saco preto que foi colocado no contentor para o exterior da escola pela pessoa responsável pela limpeza da escola. e) Eliminação do contentor azul no exterior da escola pelos trabalhadores da Câmara Municipal (no caso de o contentor ser levado para o exterior da escola uma vez por semana). f) Distribuição de discos compactos educativos especiais na escola e de um folheto de três páginas a todos os alunos. h) Realização de apresentações educativas sobre os benefícios da reciclagem de materiais de embalagem na comunidade escolar por parceiros externos da Hellenic Recovery-Recycling Corporation SA (HERRCo).

O município desenvolve esforços constantes para informar e motivar os cidadãos, de modo a sensibilizá-los para a importante questão da reciclagem e da proteção do ambiente. Periodicamente, o município realiza campanhas de limpeza da nossa cidade e de zonas centrais como praças, parques infantis, áreas de lazer como o Parque de Aigaleo (Baroutadiko), estações de metro que necessitam da proteção e dos cuidados de todos os cidadãos. A participação dos cidadãos é sempre calorosa e, com a ajuda das equipas de limpeza municipais, são realizados grandes "esforços" para a limpeza das áreas que se tornaram aterros devido à deposição de qualquer tipo de resíduos. Além disso, é também grande a cooperação do nosso município com a estação de rádio SKAI 100.3 para a limpeza do Parque de Aigaleo, do rio Kifisos, do Monte de Aigaleo, bem como de praças e outros pontos centrais da nossa cidade. Em outubro de 2010, realizou-se uma campanha sob o lema: "Reciclar agora - por uma Aigaleo humana e bela". Centenas de cidadãos trouxeram os seus aparelhos eléctricos e electrónicos velhos, que foram colocados em contentores especiais.

Todas estas e muitas outras acções e actividades visavam motivar os cidadãos para a reciclagem, a limpeza e a proteção do ambiente. Por último, o município, através de cartas abertas dirigidas aos cidadãos, sublinha a extrema importância da proteção ambiental e o cuidado que todos temos de ter com ela. Dirige-se a todos os cidadãos sensíveis de Aigaleo e convida-os a proteger a cidade de acções que anulem todos os esforços para melhorar a sua qualidade.

As acções futuras do município em matéria de reciclagem e proteção do ambiente consistem no esforço de participação no Quadro Integrado de Ação com (U.N.I.U.: VEGDN-MAB). Além disso, está a ser feita uma tentativa de substituir os contentores de reciclagem danificados. Há também uma cooperação ativa com a Polícia Municipal para lidar com a recolha ilegal de resíduos por vendedores ambulantes, realizando controlos sem aviso prévio na zona industrial de Kifissos.

Capítulo 2

FACTORES DETERMINANTES PARA A RECICLAGEM DE PAPEL

2.1 Introdução

No presente capítulo são apresentados os resultados dos estudos de investigação sobre os factores que afectam o comportamento dos consumidores/residentes na reciclagem de resíduos, com ênfase, sempre que possível, na reciclagem de papel. Os estudos foram selecionados com base na sua relevância para o tema da presente pesquisa e, em particular, com as seguintes palavras-chave

- Consumo e reciclagem de papel
- Factores que afectam a reciclagem
- Comportamento dos consumidores e reciclagem

Foram selecionados inquéritos/estudos publicados a partir de 1995 e com um elevado número de relatórios, de acordo com dados do Google Scholar. A análise das pesquisas e a discussão dos seus pontos-chave são implementadas com a seguinte estrutura/organização: a) detalhes básicos do estudo (nome do autor, área e objeto), b) metodologia do estudo e c) conclusões básicas.

No final do capítulo, é efectuado um registo geral das conclusões das revisões da literatura e é comentada a existência de factores comuns que afectam as atitudes dos consumidores em relação à reciclagem. Estes factores serão utilizados como quadro de comparação na discussão dos resultados da pesquisa primária do presente estudo.

2.2 Factores determinantes da reciclagem

Os factores que afectam o comportamento de uma pessoa em relação à reciclagem são classificados como motivação interna, motivação externa e caraterísticas pessoais. Na motivação interna estão incluídos os valores ambientais, bem como as atitudes e crenças de cada indivíduo. Na motivação externa estão incluídos todos os factores externos que podem estar associados a atitudes e comportamentos em relação à reciclagem, tais como o acesso a instalações de reciclagem, leis e regulamentos, incentivos financeiros, informação e regras sociais. As caraterísticas individuais incluem o género, a educação, a classe social, o rendimento, a idade e o conhecimento dos programas de reciclagem (**Hornik et al., 1995**).

McDonald e Oates (2003) efectuaram um estudo sobre a reciclagem de papel, com o objetivo de estudar as razões pelas quais os cidadãos não participam em programas de reciclagem. Para o estudo, utilizaram 714 indivíduos de Sheffield, em Inglaterra.

Os resultados do estudo mostraram que os cidadãos que não participam em programas de reciclagem acreditam que o papel consumido não é em grande quantidade, pelo que não precisam de o reciclar. Além disso, alguns cidadãos declararam que o fator importante/dissuasor da sua participação na reciclagem era o facto de não haver lugar para os contentores de reciclagem, pelo que não reciclavam de todo ou partilhavam o contentor com o vizinho. Por último, as conclusões do estudo de **McDonald e Oates (2003)** mostraram que alguns cidadãos não participaram em programas de reciclagem porque foram afectados pela aparência dos contentores, considerando a sua cor insultuosa.

O estudo de **Counsel e Allwood (2006)** analisou 104 patentes declaradas a partir de meados da década de 1990 e relacionadas com a reciclagem de papel no escritório sem danificar a estrutura mecânica do papel. Este estudo centrou-se na reciclagem de papel no escritório como uma solução alternativa à reciclagem convencional, que converte o papel em pasta e requer uma energia considerável para este processo. As patentes que os autores estudaram foram divididas em três categorias: 1) descoloração, 2) ocultação de impressão, e 3) remoção da impressão por fixação, excisão, abrasão ou processos químicos.

O estudo conclui que estão a começar a entrar no mercado novas tecnologias para a reciclagem de papel no escritório que evoluíram nos últimos anos. Algumas delas poderão ultrapassar as desvantagens da reciclagem convencional, como o elevado consumo de energia, a baixa eficiência e o impacto na qualidade das fibras de papel. No entanto, estes novos métodos requerem a introdução de novos métodos de impressão, tintas ou impressoras, o que dificulta uma implementação mais alargada.

A necessidade de mudar de impressora, de tinta de impressão ou de papel cria desafios organizacionais que podem limitar a adoção da reciclagem no escritório. A aquisição de um sistema de reciclagem completo exigiria o acordo entre aqueles que hoje são normalmente três áreas distintas de gestão e orçamento, 1) a compra de papel e consumíveis; 2) a compra de impressora e 3) a gestão de resíduos. Tais sistemas apresentarão fluxos se forem implementados em larga escala numa grande empresa onde a capacidade experimental com a tecnologia é mínima.

Outros estudos efectuados sobre a reciclagem de papel são os de **Kishino et al., (1998, 1999).** Que, no seu primeiro estudo, analisaram os factores que influenciam o consumo e a reciclagem de papel higiénico no

Japão e, no segundo estudo, compararam os resultados do primeiro estudo com os realizados na Alemanha e estudaram os factores que afectam os consumidores e os produtores do Japão.

Para realizar o primeiro estudo, utilizaram questionários a uma amostra de 1242 pessoas do Japão. Através dos questionários, pretendiam examinar os factores pessoais que afectam o comportamento dos consumidores e do ambiente, os critérios pelos quais escolhem os produtos comprados pelos consumidores, mas também a relação entre a reciclagem e o consumo.

Os resultados do estudo mostraram que o preço é um motivo para a compra de papel higiénico reciclado, uma vez que no Japão o papel higiénico reciclado é mais barato do que o normal. No entanto, este fator só afecta as pessoas com um comportamento ambiental, uma vez que as pessoas que compram papel higiénico normal estão dispostas a pagar a diferença de preço resultante, de modo a satisfazerem as suas necessidades com as caraterísticas oferecidas pelo papel higiénico normal.

Nos factores pessoais que influenciam o comportamento do consumidor, inclui-se o conhecimento sobre programas de reciclagem, ou seja, se os consumidores sabem que produtos compram e de onde vêm. A partir deste fator pessoal específico, verificou-se que os consumidores que lidam com a reciclagem estavam cientes dos produtos que são reciclados, bem como da forma e do local onde podem ser equipados com eles. Os consumidores que não reciclam os seus produtos não estão informados sobre a origem do produto ou se o material de que são feitos é reciclável ou não.

Outro fator importante que afecta o comportamento do consumidor é a qualidade e o aspeto do produto. Os resultados do estudo mostraram que as pessoas que não reciclam o papel são afectadas pelo aspeto do papel reciclado e acreditam que a sua qualidade é inferior à do papel normal.

Além disso, o comportamento do consumidor é moldado por factores demográficos, incluindo o rendimento, a educação e a orientação política. Mais concretamente, um rendimento elevado, um nível de educação elevado e uma orientação política liberal têm um efeito positivo no domínio da reciclagem e aumentam as suas taxas.

Além disso, através dos resultados do estudo, observamos que os homens, na sua maioria, não conhecem a origem e a qualidade do papel que utilizam. Ao contrário das mulheres, que estão informadas não só sobre a reciclagem, mas também sobre a origem do produto que consomem, pelo que consomem mais papel higiénico reciclado.

Além disso, o sistema de triagem de resíduos e as taxas impostas aos consumidores desempenham um papel crucial na reciclagem de produtos. Os preços baixos, ou mesmo a ausência de taxas para a triagem de produtos recicláveis, afectaram significativamente a atitude dos consumidores em relação à reciclagem e ao consumo de produtos reciclados.

Por último, os resultados do estudo mostraram que a atitude dos cidadãos em relação à reciclagem é independente do comportamento do consumidor e que não se afectam mutuamente. O fator que afecta a relação entre eles é o sistema de triagem de resíduos e o modo de pagamento.

No segundo estudo efectuado por Nishino et al. (1999), utilizaram uma amostra de 1242 indivíduos do Japão e 998 indivíduos da Alemanha, a fim de comparar os resultados obtidos nos dois países. Embora a Alemanha esteja à frente do Japão no que diz respeito às taxas de reciclagem, os resultados do estudo mostraram que os hábitos de consumo dos dois países são semelhantes. Os consumidores de ambos os países preferem produtos domésticos e não recicláveis quando o seu preço é inferior ao dos produtos recicláveis. Em ambos os países, um fator importante na escolha do papel higiénico é o aspeto e a marca do produto e, consequentemente, estes dois factores afectam positivamente o consumo de papel higiénico normal.

Além disso, a partir dos resultados do estudo de Nishino et al. (1999), observamos que os dois factores acima referidos, juntamente com a publicidade, têm uma influência significativa nas decisões dos produtores de papel higiénico, uma vez que são os meios para a promoção dos seus produtos. A maioria dos produtores actua com base nos critérios acima referidos, ao contrário dos consumidores que são afectados pelas caraterísticas do produto que estão a comprar. Em conclusão, Nishino et al. (1999) concluem (através dos resultados da pesquisa) que o principal fator de desenvolvimento do mercado do papel higiénico reciclado são os retalhistas.

McDonald e Ball (1998) efectuaram um estudo sobre a reciclagem de plásticos, utilizando uma amostra de 200 indivíduos de Falkirk e 300 indivíduos de Glasgow, no Reino Unido.

Os resultados do estudo mostram que as pessoas mais velhas, bem como os indivíduos que não trabalham, estão mais envolvidos na reciclagem. Além disso, o número de membros de um agregado familiar não afecta os níveis de reciclagem, uma vez que, normalmente, um deles é a pessoa que trata da separação dos resíduos. Um papel fundamental no envolvimento das pessoas na reciclagem é desempenhado pela distância dos centros de reciclagem ou dos contentores especiais, uma vez que as pessoas que têm carro são as que reciclam as maiores quantidades.

Além disso, um fator determinante é a categoria do plástico utilizado na embalagem, como garrafas de detergente, garrafas de bebidas, sacos, invólucros, tabuleiros, etc. Os resultados do estudo mostram que nem todas as embalagens são recicladas na mesma quantidade. As garrafas de detergente são recicladas em maior quantidade do que os tabuleiros e os invólucros.

Além disso, os resultados do estudo indicam que a reciclagem de resíduos de plástico é melhorada quando as pessoas lidam geralmente com a reciclagem de outros materiais e quando são informadas sobre os programas de reciclagem existentes em através de publicidade. Um fator importante que resulta do estudo de McDonald e Ball (1998) é que as taxas de reciclagem diminuem quando o objetivo dos programas é o lucro privado.

O estudo de **Sidique et al., (2010)** analisa o efeito de diversas variáveis da política de reciclagem e gestão de resíduos na taxa de reciclagem, utilizando dados a nível estadual do Minnesota, abrangendo o período de 1996-2004. A escolha do Minnesota pelos investigadores não é acidental, uma vez que o programa de gestão de resíduos e de reciclagem é um dos programas mais bem sucedidos a nível estatal nos Estados Unidos, tendo em conta o investimento do governo local e a participação pública.

As variáveis políticas examinadas no estudo incluem os custos variáveis da eliminação de resíduos, os custos da educação em matéria de reciclagem, os serviços de recolha de resíduos, bem como os centros de deposição (drop-off) e a introdução de disposições em matéria de reciclagem. Em contraste com estudos anteriores, este estudo valoriza o somatório das consequências das despesas como uma variável na taxa de reciclagem e também estuda se os vários programas de reciclagem, tais como a prestação de serviços de recolha de reciclagem e centros de deposição (drop-off), servem como suplementos ou substitutos para o aumento das taxas de reciclagem.

A metodologia utilizada por Sidique et al., (2010) baseia-se no modelo de maximização da utilidade de Kinnaman e Fullerton (2000) reproduzido por Sidique et al., 2010). No seu estudo, os autores modificaram o modelo de modo a explicar a criação de resíduos e a reciclagem, resultando na taxa de reciclagem. Além disso, utilizaram dados sobre a reciclagem e a gestão de resíduos da base de dados SCORE do Minnesota e os dados socioeconómicos e demográficos da prefeitura recolhidos pelo US Census Bureau.

Tendo em conta os efeitos aleatórios e as variáveis endógenas, os resultados do estudo mostram que a variável do custo variável para a eliminação dos resíduos aumenta o ritmo de reciclagem. Observamos também que a regulamentação pode ser uma ferramenta eficaz para o aumento da reciclagem. A introdução de decretos de reciclagem que tornam obrigatória a reciclagem nas habitações aumenta o ritmo de reciclagem. Além disso, os resultados do estudo mostram que os serviços de recolha de resíduos e os centros de deposição (drop-off) são factores eficazes para o aumento da taxa de reciclagem, quando aplicados em conjunto com um programa de reciclagem. Em contrapartida, os serviços de recolha de materiais recicláveis e os centros de eliminação (drop-off) não são factores eficazes para o aumento da taxa de reciclagem, quando aplicados separadamente. Verificou-se também que a educação do público sobre a reciclagem aumenta a taxa de reciclagem. Os resultados mostraram que a despesa acumulada com a educação sobre a reciclagem aumenta a taxa de reciclagem em 10%.

São muitos os investigadores que sugerem a utilização de incentivos financeiros para aumentar a participação na reciclagem. O estudo de **Yau (2010)** centrou-se nos problemas decorrentes da exploração dos benefícios da reciclagem por pessoas que, mesmo que não contribuam para as acções colectivas, usufruem, por outro lado, dos seus resultados benéficos. De acordo com o estudo, as pessoas têm uma forte motivação para explorar as acções dos outros, pelo que a ação ambiental colectiva não é fácil de iniciar ou manter. Assim, o autor concorda com a proposta de Olson (1971, também proposta por Yau, 2010) para a provisão de incentivos económicos como uma medida que pode aumentar a participação individual e, portanto, a ação colectiva.

O estudo efectuado por Yau (2010) estuda o impacto dos sistemas de recompensa no comportamento de reciclagem de resíduos dos residentes em 122 bairros residenciais privados em Hong Kong. Este estudo difere dos inquéritos existentes, que se centram principalmente na reciclagem de resíduos domésticos em casas de poucos andares e em zonas escassamente povoadas, ao passo que este faz o mesmo numa zona residencial com vários andares e elevada densidade.

O estudo examinou um total de 122 complexos habitacionais privados em Hong Kong, recolhendo informações junto das empresas de gestão. De 1 de janeiro de 2008 a 31 de dezembro de 2008, foram recolhidos dados sobre a reciclagem por agregado familiar e por complexo residencial e, especificamente, foi determinada a intensidade da reciclagem no peso total dos resíduos de papel, plástico e metal recolhidos para reciclagem.

Além disso, foram recolhidos dados sobre a aplicação do sistema de recompensas e a separação das zonas de resíduos. Em termos sociais - os dados demográficos e as caraterísticas das habitações foram recolhidos pelos arquivos do Serviço Nacional de Estatística dos Censos.

De acordo com os resultados da análise do estudo de Yau (2010), verificou-se que os sistemas de recompensa têm uma relação significativamente positiva com o peso dos materiais recicláveis recolhidos por agregado familiar, sendo todos os outros factores considerados constantes (ceteris paribus). O autor sugere que os governos devem criar diferentes programas de incentivos financeiros para a promoção da reciclagem de resíduos domésticos.

Além disso, como é evidente nos resultados do estudo, a atitude de reciclagem difere entre casas isoladas e casas de vários andares, pelo que deve ser dada a devida atenção à transferência de políticas de reciclagem de resíduos em diferentes regiões/países.

No seu estudo, **Abbott et al., (2011)** estudaram o comportamento de reciclagem dos cidadãos em diferentes regiões da Grã-Bretanha. O seu estudo baseou-se no estudo de 434 programas de reciclagem de comunidades locais durante o período de 2006-2008. A metodologia do estudo de Abbott et al., (2011) baseou-se no estudo do efeito das variáveis políticas no rácio de reciclagem. Além disso, o estudo centrou-se na procura de dados para explicar a disparidade em a eficácia da reciclagem entre as autoridades locais, apesar do desenvolvimento de programas de reciclagem.

Os resultados do estudo mostraram que existe uma relação inversa entre a frequência da recolha de resíduos e a taxa de reciclagem. Assim, os autores concluem que a frequência da recolha de resíduos é um fator que ajuda na gestão da taxa de reciclagem. Os resultados também mostraram que o método de reciclagem ou o contentor utilizado é mais importante na reciclagem de resíduos secos do que no processo de compostagem. A taxa de recolha de resíduos é importante apenas no processo de compostagem e o método de recolha de resíduos residuais não está relacionado com a taxa de reciclagem.

Os autores concluem que a redução da frequência da recolha dos restantes resíduos parece ser importante para motivar os agregados familiares a separar os seus resíduos em recicláveis e não recicláveis. Assim, o que parece ser um fator importante para aumentar a taxa de reciclagem também ajuda as autoridades locais a atingir os seus objectivos. Estes objectivos referem-se ao aumento das taxas de reciclagem, mas também à redução dos resíduos que acabam em aterros.

Jenkins et al. (2003), num estudo que efectuaram, estudaram a influência de duas políticas diferentes de gestão de resíduos domésticos. A reciclagem em contentores e a tarifação em função da quantidade de resíduos domésticos, a taxa de reciclagem de 5 materiais diferentes (garrafas de vidro e de plástico, jornais e resíduos de jardim, alumínio), mas também a contribuição das caraterísticas socioeconómicas dos agregados familiares.

O estudo foi efectuado em 20 regiões diferentes dos Estados Unidos, onde foi implementado um programa de reciclagem em 1992. O estudo foi efectuado através de questionários em 1939 agregados familiares. O método utilizado para a análise dos resultados foi a regressão linear múltipla. Os inquiridos responderam a questões relacionadas com a participação em programas de reciclagem, caraterísticas do agregado familiar, caraterísticas do programa, idade, atitudes, rendimento, nível de escolaridade do agregado familiar, entre outras.

Os resultados também mostram que a idade tem um efeito positivo na intensidade da reciclagem de garrafas de plástico; no entanto, o mesmo não acontece com a reciclagem de jornais e alumínio, onde é baixa. O número de membros do agregado familiar é um fator importante para os resíduos de jardim e garrafas de vidro e tem um efeito positivo nas taxas de reciclagem. Também o nível de escolaridade está positivamente associado à intensidade da reciclagem para a maioria dos materiais, para além das garrafas de plástico e dos resíduos de jardim. A densidade populacional da comunidade, a propriedade do agregado familiar e o tipo de residência são factores estatisticamente significativos apenas para a reciclagem de resíduos de jardim.

Além disso, os resultados indicam que o rendimento é um fator estatisticamente significativo na intensidade da reciclagem apenas para os jornais.

É importante destacar que em relação às caraterísticas do programa de reciclagem em contentores observa-se que a existência de um programa de reciclagem com baldes e o tempo de implementação do programa são factores estatisticamente significativos que aumentam a intensidade de reciclagem dos agregados familiares e aplica-se a todos os materiais. O carácter vinculativo do programa aumenta a taxa de reciclagem de garrafas de plástico e jornais. Para além disso, o aumento do número de materiais incluídos no programa de reciclagem influencia significativamente as taxas de reciclagem dos jornais (correlação positiva) e das garrafas de plástico (correlação negativa).

Por último, no que se refere ao programa de tarifação doméstica em função da quantidade de resíduos, os resultados do estudo mostram que não é um fator estatisticamente significativo na taxa de reciclagem e não afecta os níveis de reciclagem de todos os materiais.

Martin et al., (2006) estudaram os factores que afectam a reciclagem doméstica. O estudo foi realizado em 2003 em Burnley, Inglaterra, e foi analisada uma amostra de 360 agregados familiares.

Os resultados do estudo indicam que a maioria das pessoas que participaram no inquérito recicla os resíduos. As pessoas que não reciclam são geralmente mais jovens, podem ter filhos pequenos e têm baixos rendimentos, enquanto as que reciclam todas as categorias de materiais têm rendimentos elevados e são mais velhas. A motivação para aumentar a taxa de reciclagem foi a cobrança de uma taxa pela eliminação dos resíduos. Inicialmente, a medida foi avaliada negativamente por todos os consumidores, porém, fez com que os indivíduos que não reciclavam mudassem seu comportamento e opinião. Ainda em relação ao grau de facilidade quanto ao processo de reciclagem, os resultados mostram que as pessoas que não reciclam estão a enfrentar dificuldades na separação e armazenamento dos resíduos. Enquanto os que reciclam têm dificuldade em retirar os rótulos das embalagens dos produtos.

Por último, é importante referir que a taxa de reciclagem varia consoante o material do produto, sendo o papel o mais elevado e o alumínio o mais baixo.

A existência de regras como factores determinantes do comportamento em relação à reciclagem é analisada no estudo de **doValle et al., (2004)**. O objetivo do estudo era identificar incentivos que pudessem aumentar a participação das pessoas em programas de reciclagem.

Os dados do estudo foram recolhidos através de entrevistas com base num questionário estruturado a 2093 pessoas de 50 concelhos de Portugal. O estudo foi realizado entre março e junho de 2000. Os municípios analisados no estudo praticavam a reciclagem.

Após o estudo a nível nacional, os resultados indicam que existem diferenças entre os indivíduos que reciclam e os que não reciclam. Além disso, observa-se a necessidade de melhorar as condições existentes.

Do Valle et al., (2004) tentaram examinar a correção de sete casos relativos ao comportamento das pessoas face à reciclagem (que resultam da revisão da literatura existente). As hipóteses dos investigadores foram as seguintes H1 o género não prediz significativamente o comportamento em relação à reciclagem. H2 A idade, o rendimento e o nível de educação predizem significativamente o comportamento em relação à reciclagem. H3 a posição ideológica geral em relação aos problemas ambientais não prevê significativamente o comportamento em relação à reciclagem. H4 as atitudes em relação à reciclagem predizem significativamente o comportamento em relação à reciclagem. H5 A existência de um espaço disponível no agregado familiar prevê significativamente o comportamento face à reciclagem. H6 a capacidade perceptiva de contribuir para a resolução dos problemas ambientais interpreta significativamente o comportamento face à reciclagem. H7 o nível de satisfação relativamente aos serviços de reciclagem prediz significativamente o comportamento face à reciclagem.

Após a análise econométrica dos dados, com recurso à análise de componentes principais e a regressões lineares múltiplas, foram obtidas as seguintes conclusões relativamente aos sete casos estudados por do Valle et al. (2004). A primeira hipótese não é rejeitada, o que significa que o género e a atitude em relação à reciclagem não estão associados de forma estatisticamente significativa. Também não se rejeita a segunda hipótese, ou seja, as variáveis idade, rendimento e nível de escolaridade não são determinantes estatisticamente significativos do comportamento face à reciclagem. E a terceira hipótese não é rejeitada, pelo que a preocupação geral com as questões ambientais não é um determinante importante do comportamento em relação à reciclagem. A quarta hipótese não é rejeitada, pelo que as atitudes e os comportamentos em relação à reciclagem estão relacionados. Além disso, a não rejeição da quinta hipótese mostra que a existência de uma área de armazenamento no agregado familiar é um fator importante para a adoção de práticas de reciclagem. A sexta hipótese é rejeitada, pelo que a capacidade perceptiva de contribuir para a resolução de questões ambientais não é um fator determinante do comportamento em relação à reciclagem. Finalmente, a sétima hipótese não é rejeitada, pelo que o nível de satisfação relativamente aos serviços de reciclagem está associado ao comportamento face à reciclagem.

Além disso, os resultados do estudo mostram que a existência de uma regra social e a existência de uma regra pessoal são determinantes estatisticamente significativas do comportamento em relação à reciclagem. Também a informação, a localização dos contentores de reciclagem e a adequação do sistema afectam positivamente as práticas de reciclagem.

Smallbone (2005), num inquérito realizado, estuda a gestão dos resíduos domésticos, os pontos de vista e os objectivos das pessoas que reciclam ou não, os incentivos que aumentam a participação na reciclagem, mas também os factores que a impedem. O autor afirma que o estudo mostra que o rendimento e a idade dos indivíduos têm um impacto positivo nas taxas de reciclagem.

Para o estudo, foi realizado um inquérito telefónico com a ajuda de questionários a uma amostra de 1000 adultos de todo o Reino Unido. O estudo teve lugar em abril de 1999.

Os resultados mostram que mais de metade da amostra recicla regularmente, 35% todas as semanas e 18% de duas em duas semanas. Em contrapartida, 26% dos consumidores reciclam ocasionalmente, enquanto 21% nunca reciclam. A análise dos dados demográficos mostra que a idade e o rendimento são factores determinantes para a reciclagem. Os consumidores que reciclam têm mais probabilidades de ter 35 anos de idade ou mais e a regularidade da participação na reciclagem aumenta com a idade. Além disso, esses consumidores têm rendimentos mais elevados e preocupações mais intensas com as questões ambientais. No entanto, a preocupação com o ambiente não é um fator tão importante neste estudo.

Além disso, através dos resultados, são apresentadas as razões pelas quais as pessoas não reciclam. Uma pequena percentagem (8%) dos inquiridos declarou que não recicla porque não se preocupa com o ambiente, enquanto 12% da amostra declarou que nunca pensou em reciclar. A restante amostra afirmou que as razões pelas quais não recicla têm a ver com as dificuldades práticas associadas à reciclagem. Por exemplo, 26% dos inquiridos afirmaram que é difícil reciclar e que a reciclagem exige organização. Uma percentagem bastante elevada da amostra (37%) referiu que não recicla porque os contentores de reciclagem estão longe de casa (24%) e alguns deles não têm meios de transporte para transportar os artigos recicláveis (13%). Através destes resultados, conclui-se que uma grande percentagem dos inquiridos poderia participar na reciclagem com o apoio prático adequado do Estado.

No que se refere à motivação, os resultados do estudo mostram que os consumidores que reciclam ocasionalmente e os que não reciclam nunca declararam que reciclariam se houvesse melhores serviços de reciclagem (44% e 33%, respetivamente), se fosse mais fácil (31% e 25%, respetivamente) e se houvesse empresas que pudessem recolher os artigos recicláveis em casa, porta a porta (30% e 30%, respetivamente). Além disso, uma percentagem de pessoas afirmou que participaria na reciclagem se esta fosse mais eficiente (6% e 5%, respetivamente) e mais amiga do ambiente (1% e 2%, respetivamente). Para além disso, a existência de uma área de armazenamento maior em casa tem muito pouca influência nestes dois grupos de consumidores (3% e 5%, respetivamente).

Além disso, é importante mencionar que os resultados do estudo de Smallbone (2005) sugerem que os incentivos financeiros sob a forma de um reembolso em dinheiro em caso de participação na reciclagem ou de uma penalização em função do volume de resíduos recolhidos têm pouca influência e convenceriam poucas pessoas a reciclar (8% e 3, respetivamente).

Por último, na questão de saber se os consumidores consideram justo serem tributados de acordo com a quantidade de resíduos que produzem e não por um imposto fixo, como acontece atualmente, 45% dos consumidores afirmaram que consideram justo e 49% que não. Além disso, 39% dos consumidores consideram-no melhor do que o sistema atualmente em vigor, enquanto 46% o consideram pior.

Vicente e Reis (2007) realizaram um estudo sobre a reciclagem de resíduos sólidos. O objetivo deste estudo foi identificar as atitudes e o comportamento dos consumidores face à reciclagem, ou seja, se os consumidores consideram que contribuem para a preservação ambiental, redução de resíduos e poluição.

Em seguida, estudaram se são afectados e em que medida pelas normas, como amigos ou vizinhos, e depois combinaram isso com as caraterísticas demográficas dos consumidores.

O estudo foi efectuado em Portugal em 2004, com uma amostra de 1807 consumidores.

Vicente e Reis (2007), recorrendo a uma investigação empírica, resultaram na segmentação da amostra em três grupos. O primeiro grupo inclui os consumidores contraditórios que, embora acreditem que a reciclagem tem um efeito positivo no ambiente, estão minimamente envolvidos na reciclagem. Além disso, as pessoas do primeiro grupo não são influenciadas por amigos ou outras pessoas. O segundo grupo incluiu pessoas que são muito afectadas por amigos ou terceiros. Vicente e Reis (2007) chamam a estes consumidores entusiastas. Por fim, o terceiro grupo inclui pessoas que acreditam que a reciclagem não ajuda nas questões ambientais e, por isso, não participam de programas de reciclagem em andamento. Essas pessoas são chamadas por Vicente e Reis (2007) de pessimistas.

Por último, é importante referir que os resultados do estudo revelaram que as caraterísticas demográficas não revelaram qualquer influência significativa.

O estudo de **Aljaradin et al. (2011)** analisou, na Jordânia, o nível de consciencialização e a intenção de reciclagem dos resíduos sólidos urbanos (RSU) entre as habitações, com especial ênfase nos estudantes. O estudo utilizou uma amostra de 1000 pessoas e três (3) questionários diferentes para examinar 1) as opiniões dos residentes sobre a reciclagem, 2) verificar a intenção de reciclar e 3) examinar o conhecimento e a sensibilização para as questões da reciclagem em relação a factores sociais, financeiros e ambientais.

A metodologia do estudo baseou-se na recolha de dados através de um questionário com recurso a uma escala de Likert, cujo conteúdo se baseou em estudos anteriores (Vining & Ebreo, 1992; Huand, Zhang et al., 2006; Vicente & Reis, 2007; Femia, 2009, tal como referido em Aljaradin, Persson & Hossam, 2011, p. 509).

Os resultados mostraram que os inquiridos não estavam suficientemente sensibilizados para a forma ou o local de reciclagem, devido à falta de programas de reciclagem eficazes no país. O estudo mostrou também que a separação dos resíduos na fase em que são criados não é viável na Jordânia. As principais razões são a falta de sensibilização para a reciclagem (práticas, benefícios e responsabilidade), mas também a relutância da maioria da população em participar na separação dos resíduos

Embora 87% dos inquiridos tenham afirmado estar conscientes dos benefícios financeiros e ambientais da reciclagem para o país, por outro lado, mostraram pouca vontade de participar e pagar pelo desenvolvimento de sistemas de reciclagem eficazes

Além disso, uma das principais conclusões deste estudo é que as pessoas aprenderam mais sobre reciclagem na escola (27,3%), na universidade (20,3%) e nos programas municipais (17,3%). Embora os autores comentem que as percentagens acima são baixas, sugerem a classificação acima como uma indicação da prioridade a dar às várias acções de informação sobre reciclagem.

Ojeda-Benitez et al., (2003) realizaram um estudo sobre a reciclagem de resíduos sólidos, com o objetivo de examinar os resíduos sólidos urbanos produzidos na comunidade mexicana denominada Colonias e de os registar em categorias de acordo com o seu grau de reciclagem. Os resíduos são classificados em duas categorias, orgânicos e não orgânicos, alguns dos quais são recicláveis e outros não, e também quais deles são susceptíveis de serem reciclados.

Ojeda-Benitez et al., (2003) utilizaram uma amostra de 123 agregados familiares constituída por famílias jovens com crianças pequenas ou sem crianças, um facto que diferencia a amostra de consumo mas também o conteúdo dos resíduos. O estudo foi efectuado em 2000.

Os resultados do estudo mostraram que a maior quantidade de resíduos produzidos provém de materiais reciclados (10%) e de produtos que podem ser reciclados
(61%), no entanto, não são reciclados pelos cidadãos. De acordo com Ojeda-Bentitez et al. (2003), este facto deve-se ao baixo nível financeiro e social a que pertencem os residentes das Colónias do México.

Afroz et al. (2011), no seu estudo, examinaram os factores que poderiam influenciar a produção de resíduos domésticos e utilizaram a regressão simples de mínimos quadrados para analisar os dados obtidos de uma amostra de 402 inquiridos na cidade de Dhaka, no Bangladesh.

O estudo constatou que a maioria dos inquiridos tinha conhecimento da reciclagem de resíduos sólidos, o que foi confirmado pelos jornais e pela televisão. Isto pode dever-se ao facto de o governo do Bangladesh estar a tentar promover a reciclagem junto dos agregados familiares através da televisão e dos jornais. Assim, no caso do Bangladesh, parece que os jornais e a televisão têm grande influência na promoção efectiva das questões ambientais. O estudo de Afroz et al., (2009) também concluiu que 25,6% dos inquiridos reciclam regularmente, ou seja, pelo menos algumas vezes separam o lixo doméstico para reciclagem. Este resultado é considerado promissor por Afroz et al. (2009), tendo em conta o facto de a maioria das pessoas em Daca não ser servida por uma rede de reciclagem facilmente acessível.

Além disso, o estudo utilizou o modelo de regressão para determinar os factores dominantes que afectam a produção de resíduos domésticos. Verificou-se que o rendimento e a dimensão do agregado familiar têm uma influência positiva significativa na produção de resíduos domésticos. Os autores (Afroz et al., 2009) consideram que este resultado é expetável, uma vez que o aumento da dimensão e do rendimento do agregado familiar implica um maior consumo de bens e serviços e, consequentemente, um aumento dos resíduos.

O estudo pressupõe que os compradores de alimentos com consciência ambiental têm menos probabilidades de comprar produtos altamente processados e embalados. Os resultados do estudo confirmam a hipótese acima referida, nomeadamente que os compradores de alimentos com consciência ambiental produzirão menos resíduos sólidos e procurarão melhorar os programas de gestão de resíduos sólidos.

Finalmente, foi confirmada a relação positiva e estatisticamente importante entre a vontade de separar os resíduos e o aumento da intenção de reciclar, o mesmo acontecendo com a produção de menos resíduos.

Kippenberg e Larson (2012) estudaram as preferências dos agregados familiares pelos programas comunitários de reciclagem, que têm dimensões de bem público e privado. O seu estudo centrou-se em Seattle, nos Estados Unidos, numa amostra de 2.012 agregados familiares.

Os autores analisaram os dados utilizando modelos de parâmetros fixos e análise econométrica.

Os resultados mostraram que os inquiridos estão dispostos a pagar pelo aumento da taxa de reciclagem na comunidade. A análise econométrica revelou também grandes desvios nas preferências dos inquiridos em relação aos programas. Foi revelado que existem diferentes percepções sobre a dimensão dos programas considerados como um bem privado.

A disponibilidade dos inquiridos para pagar pela melhoria da taxa de reciclagem da Comunidade neste estudo é interpretada como uma indicação dos benefícios públicos dos programas de reciclagem que se revelaram estatística e economicamente significativos, embora variem significativamente entre a população.

A gestão correta das pilhas usadas desempenha um papel importante na reciclagem. Hansmann et al., (2006) envolveram-se no seu estudo com a gestão de pilhas usadas, estudando o comportamento de 623 consumidores na Suécia.

Hansmann et al., (2006), através da análise estatística dos dados, chegaram à conclusão de que a taxa de reciclagem de pilhas está positiva e significativamente correlacionada com a idade dos consumidores, sendo que os consumidores mais velhos reciclam em maior medida. Além disso, de acordo com os resultados, o comportamento ecológico dos consumidores não afecta a taxa de reciclagem. Além disso, de acordo com Hansmann et al. (2006), o conhecimento sobre a gestão correta das pilhas usadas, bem como a organização da sua deposição, também influencia positivamente a taxa de reciclagem. Por último, é importante referir que os resultados do estudo indicam que a rejeição da responsabilidade exerce uma influência negativa na reciclagem de pilhas, uma vez que os consumidores se recusam a assumir a responsabilidade pela gestão correta das pilhas usadas, acreditando que o pequeno número de pilhas não prejudica o ambiente.

Straughan e Roberts (1999) estudaram os factores que influenciam o comportamento do consumidor ambientalmente consciente numa amostra de estudantes nos Estados Unidos. A variável dependente do estudo é o comportamento ambientalmente consciente dos consumidores, enquanto as variáveis dependentes são atribuídas a factores demográficos no seu interesse ambiental, os factores psicológicos no seu liberalismo e os seus instintos altruístas.

As conclusões de Straughan e Roberts (1999) mostram que o género, a idade e o nível de educação estão significativamente associados ao comportamento ambientalmente consciente dos consumidores, ao passo que o rendimento não está. No que diz respeito ao seu interesse ambiental, a eficácia das suas acções em relação às questões ambientais e o seu altruísmo são significativamente associados, enquanto, pelo contrário, o liberalismo não é significativo.

2.3 Análise comparativa de estudos empíricos sobre os factores determinantes da reciclagem

2.3.1. Caraterísticas sócio-demográficas

Quanto às caraterísticas sócio-demográficas, o rendimento é uma variável explicativa importante e está positivamente correlacionado com a reciclagem na maioria dos estudos mencionados [Smallbone (2005), Jenkins et al., (2003), Martin et al., (2006), Afroz et al., (2009), Ojeda-Bentitez et al., (2003)]. De acordo com do Valle et al., (2004) o rendimento não é uma variável explicativa significativa da reciclagem.

Observa-se que a idade constitui uma variável explicativa estatisticamente significativa e está positivamente associada à reciclagem em muitos estudos [McDonald e Ball (1998), Jenkins et al., (2003), Martin et al., (2006), Smallbone (2005), Hansmann et al., (2006)]. (2004), a idade não é uma variável explicativa significativa da reciclagem.

No que se refere ao género do consumidor, os resultados da investigação de Kishino et al. (1998) indicam que as mulheres estão mais informadas sobre a reciclagem do que os homens e que reciclam com mais frequência. Para do Valle et al. (2004), o género, no que diz respeito à reciclagem, não é considerado estatisticamente importante.

Relativamente ao nível de educação, observa-se que constitui uma variável explicativa estatisticamente significativa e está positivamente associada à reciclagem em alguns estudos [Sidique et al., (2010), Jenkins et al., (2003)]. Pelo contrário, o estudo de do Valle et al., (2004) mostra que o nível de educação não é uma variável explicativa estatisticamente significativa da reciclagem.

É importante referir que, de acordo com os estudos [Jenkins et al., (2003), Afroz et al., (2009)], a dimensão do agregado familiar tem um efeito positivo nas taxas de reciclagem. Também Yau (2010) afirma que o comportamento de reciclagem de resíduos difere entre casas isoladas e casas de vários andares.

Adicionalmente, Vicente e Reis (2007), no seu estudo, concluíram que a demografia não mostrou qualquer influência significativa.

Por último, Straughan e Roberts (1999) indicam que o género, a idade e o nível de escolaridade estão significativamente associados a um comportamento do consumidor com consciência ambiental, enquanto o rendimento não está significativamente relacionado.

2.3.2. Regulamentos

Em vários estudos acima referidos, é demonstrado que os regulamentos afectam as taxas de reciclagem. De acordo com os estudos de [Sidique et al., (2010), Jenkins et al., (2003)], os regulamentos e o carácter obrigatório do programa são meios eficazes para aumentar a reciclagem. Esta conclusão está de acordo com os resultados do estudo de do Valle et al., (2004) que mostra que a existência de uma regra social e a existência de uma regra pessoal são determinantes estatisticamente significativas do comportamento em relação à reciclagem.

2.3.3. Preocupação ambiental

As conclusões dos estudos de [do Valle et al., (2004), Smallbone (2005)] referem que a capacidade de perceção de modo a contribuir para a resolução de questões ambientais e a preocupação com as questões ambientais não é um fator determinante significativo do comportamento em relação à reciclagem. Nas mesmas conclusões e resultados conclui também o estudo de Aljaradin et al., (2011) que afirma que na Jordânia há falta de consciencialização sobre a reciclagem (práticas, benefícios e responsabilidade).

No entanto, o estudo de Afroz et al. (2009) indica que os compradores de alimentos com consciência ambiental produziriam menos resíduos e teriam como objetivo melhorar os programas de gestão de resíduos sólidos. Além disso, de acordo com Straughan e Roberts (1999), a preocupação ambiental do consumidor e a eficácia das suas acções em relação às questões ambientais estão significativamente relacionadas com o seu comportamento ambientalmente consciente

2.3.4. Fornecer motivos

Outros factores importantes de interpretação da reciclagem são os incentivos financeiros. De acordo com Yau (2010), verificou-se que os sistemas de recompensa têm uma correlação significativamente positiva com o peso dos materiais recicláveis recolhidos por agregado familiar. Além disso, Martin et al. (2006) indicam que um incentivo para aumentar a taxa de reciclagem era cobrar pela eliminação dos resíduos. Em contrapartida, no estudo de Smallbone (2005), os incentivos financeiros, sob a forma de um reembolso em caso de participação na reciclagem, têm pouca influência e convenceriam poucas pessoas a reciclar.

Além disso, os resultados do estudo de Jenkins et al. (2003) mostram que o programa de tarifação doméstica em função da quantidade de resíduos não é um fator estatisticamente significativo na taxa de reciclagem.

2.3.5. Informações

Afroz et al., (2009) afirmam que informar o público sobre a reciclagem através dos meios de comunicação social aumenta o conhecimento do consumidor e tem um impacto mais permanente no resultado da reciclagem. Na mesma conclusão também resultam os estudos de [do Valle et al., (2004), Aljaradin et al., (2011), Hansmann et al., (2006)] afirmando que a informação afecta positivamente as práticas de reciclagem.

2.3.6. Outros factores

De acordo com o estudo de Jenkins et al., (2003) os factores estatisticamente significativos que aumentam a intensidade de reciclagem dos agregados familiares são a existência de um programa de reciclagem com contentores, bem como o tempo de implementação do programa. Além disso, o aumento do número de materiais que integram o programa de reciclagem influencia significativamente as taxas de recuperação. do Valle et al., (2004) indicam que um fator significativo na adoção de práticas de reciclagem é a existência de área de armazenamento no agregado familiar. Ao mesmo tempo, o estudo de Kipperberg e Larson (2012) indica que os consumidores estão dispostos a pagar, de modo a aumentar a taxa de reciclagem. Por último, o estudo de Abbott et al. (2011) afirma que a redução da frequência de recolha de resíduos parece ser importante para motivar os agregados familiares a separar os seus resíduos em recicláveis e não recicláveis. Assim, parece ser um fator importante para aumentar a taxa de reciclagem.

2.3.7. Obstáculos

De acordo com McDonald e Oates (2003), um fator importante para a participação dos consumidores na reciclagem foi o facto de não haver espaço para os contentores de reciclagem, pelo que ou não reciclavam de todo ou partilhavam o contentor com o seu vizinho. Esta conclusão está de acordo com os resultados do estudo de Smallbone (2005), onde se demonstra que as razões pelas quais os cidadãos não reciclam têm a ver com as dificuldades práticas associadas à reciclagem. Para além disso, McDonald e Ball (1998) também referem que um papel fundamental na participação das pessoas na reciclagem é a distância dos centros de reciclagem ou do contentor especial.

Além disso, Smallbone (2005) salienta que as pessoas que reciclam poucas vezes e as que não reciclam de todo indicaram que reciclariam se houvesse melhores serviços, o que está de acordo com o estudo de do Valle et al., (2004) em que o nível de satisfação relativamente aos serviços de reciclagem está associado à atitude em relação à reciclagem.

Capítulo 3

METODOLOGIA DO ESTUDO

A análise primária deste estudo examina os factores que influenciam o comportamento dos cidadãos e dos empresários do município de Aigaleo, na Grécia, relativamente à reciclagem de resíduos, com ênfase na reciclagem de papel. Para realizar esta investigação, foi selecionado o método de inquérito por amostragem primária com recurso a questionários. Foram criados dois questionários diferentes, o primeiro dirigido aos residentes do município de Aigaleo e o segundo aos empresários do município. Os questionários foram distribuídos numa amostra selecionada aleatoriamente.

O processo de distribuição e recolha dos questionários foi efectuado no período de 1/3/2013 a 20/3/2013. O número total de questionários distribuídos foi de 405, dos quais 355 questionários foram distribuídos a residentes do Município de Aigaleo e os restantes 50 a empresas que operam no Município de Aigaleo. A taxa de aceitação foi de 100%.

O primeiro questionário, dirigido aos cidadãos do município, inclui vinte e duas (22) perguntas fechadas com respostas pré-determinadas, das quais os inquiridos podiam escolher uma. A primeira secção do questionário inclui as perguntas 1-6 e examina os dados demográficos dos participantes (sexo, idade, estado civil, membros da família, nível de escolaridade e rendimento mensal). A segunda secção do questionário inclui as perguntas 7-13 e analisa a consciência ambiental dos cidadãos. A terceira secção inclui as perguntas 20-22 e examina a vontade dos cidadãos em relação à reciclagem de papel.

O segundo questionário, destinado aos empresários que exercem a sua atividade no município, incluía vinte e quatro (24) perguntas, das quais vinte e uma (21) eram de tipo fechado e três (3) eram de tipo aberto. A primeira secção do questionário (perguntas 1-3) examina os dados demográficos dos empresários (sexo, idade, nível de escolaridade). A segunda secção do questionário para os empresários inclui cinco perguntas (4-8) que examinam os dados sobre a empresa, tais como a dimensão, o tipo, as receitas anuais, o número de empregados e o número de clientes. As perguntas 9 a 24 examinam a perceção e a satisfação dos empresários em relação à reciclagem e às acções levadas a cabo pelo município de Aigaleo, bem como as acções de informação que devem ser tomadas.

Este questionário foi distribuído às empresas cujas lojas se situam nas duas ruas mais centrais de Aigaleo, nomeadamente Iera Odos e Thivon. Desta forma, tentámos abordar as principais empresas do nosso município e conhecer os pontos de vista dos proprietários sobre a importante questão da reciclagem, bem como identificar quaisquer problemas potenciais que enfrentem relativamente a esta questão tão premente que a nossa sociedade enfrenta.

Seguimos estes dois eixos centrais de circulação, uma vez que são a imagem de marca da cidade de Aigaleo (formando a praça central), para além de que a área de construção do município se estende ao longo do seu comprimento e, naturalmente, existem grandes empresas estabelecidas nesta área.

Os questionários recolhidos foram testados quanto à sua validade e numerados. De seguida, os dados foram introduzidos no programa de análise estatística de dados IBM SPSS STATISTICS 20.0, em dois ficheiros de dados diferentes (sav), dos quais emergiram as distribuições de frequências, bem como as correlações entre variáveis.

A análise dos dados é composta por três secções. Em primeiro lugar, foram produzidas atribuições de frequência para os dois conjuntos de dados, cidadãos e empresários. Em segundo lugar, foram efectuadas intersecções de variáveis (tabulações cruzadas) para verificar as correlações das variáveis independentes com as duas variáveis dependentes: 1) implementação da reciclagem 2) a quantidade de reciclagem, 3) foi realizada uma regressão logística entre a variável dependente (implementação da reciclagem) e as variáveis independentes derivadas da literatura para serem associadas à tendência para a reciclagem, bem como uma regressão linear múltipla com a variável dependente (taxa de reciclagem dos residentes e quantidade de resíduos que acabam nos caixotes do lixo para os empresários).

Capítulo 4

RESULTADOS DA ANÁLISE ESTATÍSTICA PARA OS CONSUMIDORES

4.1 Introdução sobre os consumidores

No quarto capítulo foram apresentados os resultados da análise estatística para o segundo grupo que participou no estudo, os consumidores. A secção 4.2 inclui as afectações de frequências, a secção 4.3 inclui as correlações das variáveis e, finalmente, a secção 4.4 inclui as regressões (logística - linear múltipla).

4.2 Estatística descritiva e análise da frequência dos consumidores

Tabela 4-1. Distribuição da frequência do género (cidadãos)

	Frequência	percentagem	percentagem válida	percentagem acumulada
Feminino	171	48	48	48
Masculino	184	52	52	100
total	355	100	100	

Figura 4-1. Distribuição da frequência do género (cidadãos)

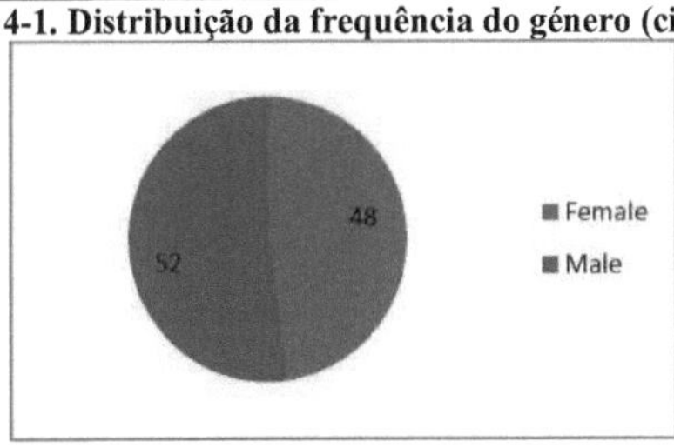

A amostra dos cidadãos inquiridos é constituída por 48% de mulheres e 52% de homens. Como se pode ver no gráfico acima, a amostra é constituída por uma participação aproximadamente igual de ambos os géneros.

Tabela 4-2. Distribuição de frequências para a idade

	Frequência	Percentagem	Percentagem válida	Percentagem acumulada
18-24	118	33	33	33
25-29	75	21	21	54
30-44	78	22	22	76
45-59	58	17	17	93

60+	26	7	7	100
Total	355	100	100	

Figura 4-2. Distribuição de frequências para a idade

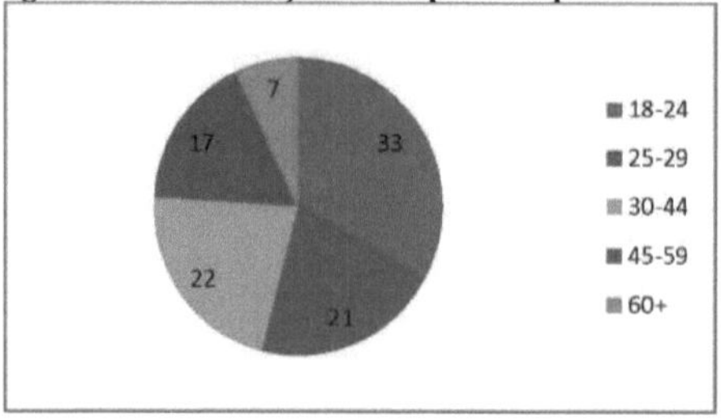

A dispersão etária dos cidadãos que participaram no estudo está concentrada nas camadas mais jovens, uma vez que 54% dos inquiridos têm entre 18 e 29 anos. Assim, a maioria dos inquiridos é jovem, o que será tido em conta na análise dos resultados, mas também na formulação das conclusões. Além disso, uma proporção significativa dos inquiridos (46%) encontra-se no grupo etário dos 30 aos 60+ anos. O grupo com mais de 60 anos está representado por 7% da amostra.

Tabela 4-9. Distribuição de frequências para o estado civil

	Frequência	Percentagem	Percentagem válida	Percentagem acumulada
Casado	132	37	37	37
Não casado	200	56	57	94
Divorciado	13	4	4	98
Viúvo	9	2	2	100
Total	354	99	100	
Sistema em falta	1			
Total	355	100		

Figura 4-1. Distribuição de frequências para o estado civil

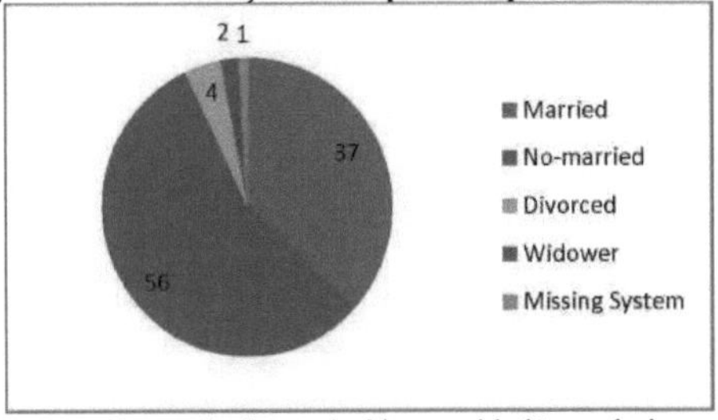

A maioria (56%) da amostra do estudo é constituída por cidadãos solteiros, enquanto uma percentagem menor é constituída por cidadãos casados (37%). Este facto pode ser visto como um fator limitativo na generalização dos resultados e nas conclusões do estudo. Uma vez que os cidadãos solteiros são susceptíveis de ter menos membros no seu agregado familiar ou de ter uma rotina familiar menos organizada relativamente à produção de resíduos/reciclagem, considera-se que são menos sensíveis às questões da gestão e reciclagem de resíduos. Este facto será tido em conta na formulação das conclusões do estudo, mas também nas suas limitações.

Tabela 4-4. Distribuição das frequências dos membros da família

	Frequência	Percentagem	Percentagem válida	Percentagem acumulada
1	12	3	3	3
2	31	8	9	12
3	103	29	29	41
4	126	35	35	76
5	60	17	17	93
6	21	6	6	98
7	1	1	1	100
Total	354	99	100	
Sistema em falta	1	1		
Total	355	100		
Média	3,28			

Figura 4-4. Histograma de frequências para membros da família

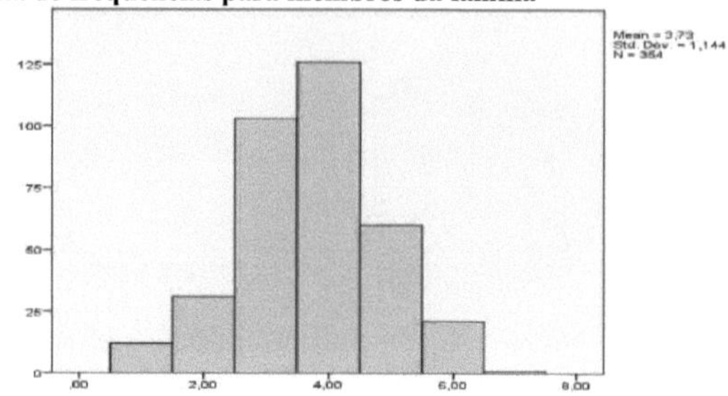

A maioria dos inquiridos respondeu que o seu agregado familiar é composto por 3-4 membros (64%). Uma percentagem menor (3% e 9%) afirmou que o seu agregado familiar é composto por 1-2 membros. Finalmente, 17% afirmaram que o seu agregado familiar é composto por 5 membros, enquanto 7% (6% e 1%) por 6-7 membros.

Tabela 4-5. Distribuição de frequências para o nível de escolaridade

	Frequência	Percentagem	Percentagem válida	Percentagem acumulada
Não frequentou a escola durante todo ou alguns anos	1	1	1	1
Diploma do ensino primário	7	2	2	3
Conclusão do ensino secundário	79	22	22	25
Conclusão do ensino médio / escola técnica	101	28	28	53
Frequência de Universidades / Instituições de Ensino Tecnológico sem grau académico	54	15	15	68
graduado de Universidades / Instituições de Ensino Tecnológico	94	26	26	94
Mestrado / Doutoramento	19	6	6	100
Total	355	100	100	

Figura 4-5. Distribuição de frequências para o nível de escolaridade

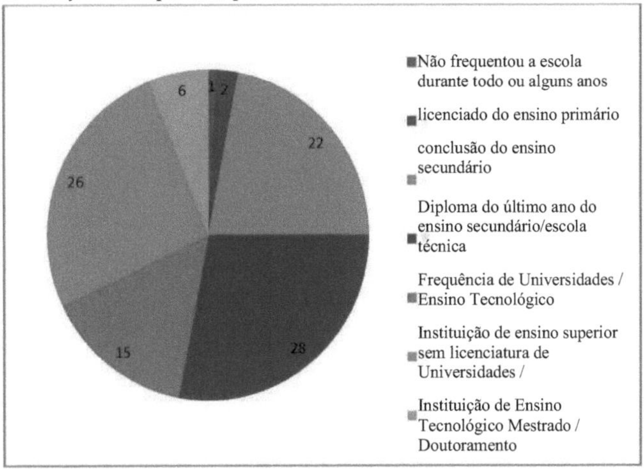

A amostra é composta maioritariamente (50%) por diplomados do ensino secundário (22%) e do ensino superior (28%). Uma percentagem significativa da amostra é constituída por cidadãos com estudos em universidades/instituições de ensino tecnológico (15%) e licenciados do ensino superior (26%). Uma percentagem muito pequena da amostra do estudo inclui cidadãos sem instrução (1%), com o ensino básico (2%) e com mestrado/doutoramento (6%).

Tabela 4-6. Distribuição de frequências para o rendimento

	Frequência	Percentagem	Percentagem válida	Percentagem acumulada
Abaixo de 1.200 euros	163	46	46	46
1.201-2.000€	131	37	37	83
2.001-3.000€	56	15	15	98
3.001-4.000€	3	1	1	99
Mais de 4.001€	2	1	1	100
Total	355	100	100	

Figura 4-6. Distribuição de frequências para o rendimento

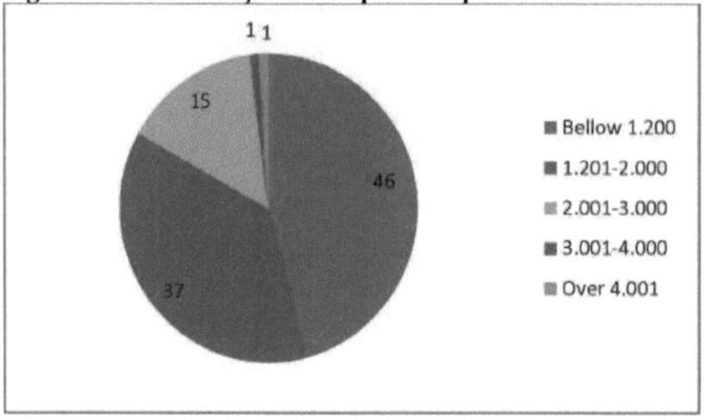

A maioria dos cidadãos da amostra (83%) tem rendimentos inferiores a 2.000€ (> 1200€ 46% & 1201-2000€ 37%). 15% dos cidadãos têm um rendimento entre 2.001€ e 3.000€ e uma percentagem muito pequena (1%) declarou ter um rendimento superior a 3.000€.

Tabela 4-7. Distribuição de frequências para a informação dos cidadãos sobre questões ambientais

	Frequência	Percentagem	Percentagem válida	Percentagem acumulada
Nenhum	23	6	6	6
Alguns	109	31	31	37
Bom	147	41	41	78
Muito bom	65	19	19	97
Excelente	11	3	3	100
Total	355	100	100	
Média	1,8085			

Figura 4-7. Histograma de frequências para a informação dos cidadãos sobre questões ambientais

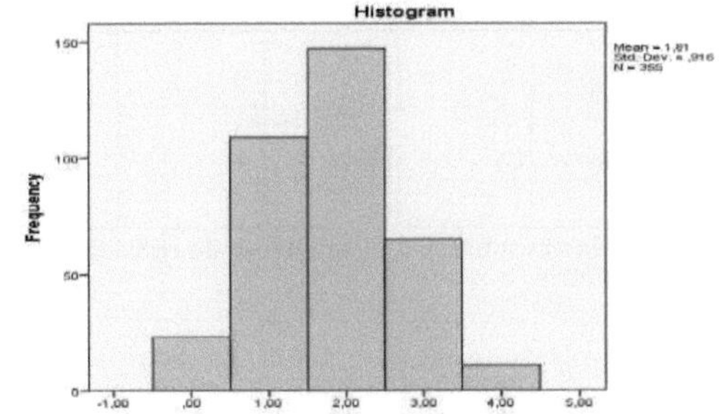

Da análise dos resultados da pergunta 7 conclui-se que os cidadãos que participaram no estudo estão bem informados sobre as questões ambientais. 41% responderam que estão bem informados, enquanto 19% responderam que estão muito bem informados. Um número significativo de 31% respondeu que está pouco informado, enquanto 6% respondeu que não está informado. A mediana (média) é de 1,8.

Tabela 4-8. Distribuição das frequências relativas aos conhecimentos sobre a utilização dos contentores azuis

	Frequência	Percentagem	Percentagem válida	Percentagem acumulada
Não	43	12	12	12
Sim	312	88	88	100
Total	355	100	100	

Figura 4-8. Distribuição das frequências relativas aos conhecimentos sobre a utilização dos contentores azuis

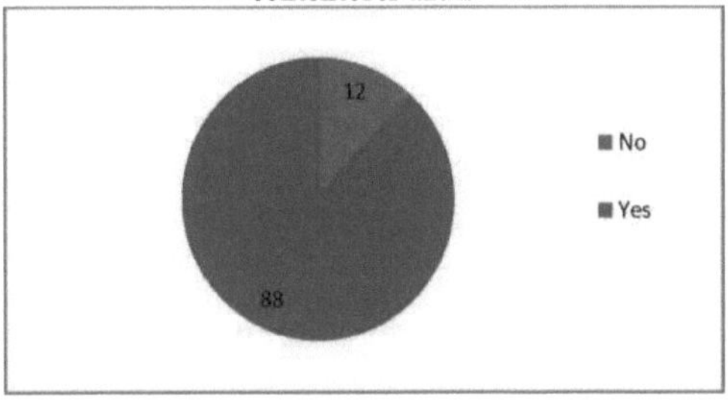

Uma percentagem significativa (88%) dos cidadãos inquiridos respondeu que conhece a utilização dos contentores azuis, enquanto 12% disseram que não conhecem.

Tabela 4-9. Distribuição de frequências sobre a implementação da reciclagem através da utilização de contentores azuis?

	Frequência	Percentagem	Percentagem válida	Percentagem acumulada
Não	139	39	39	39

Sim	216	61	61	100
Total	355	100	100	

Figura 4-9. Distribuição de frequências sobre a implementação da reciclagem através da utilização de contentores azuis?

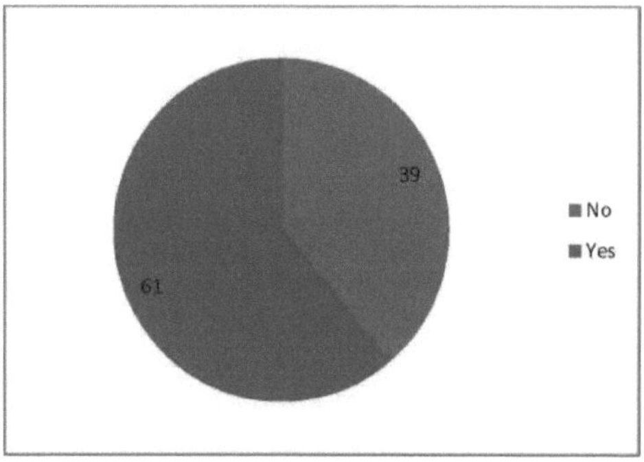

A maioria (61%) dos cidadãos respondeu que implementa a reciclagem através da utilização dos contentores azuis. No entanto, uma percentagem significativa (39%) respondeu que não efectua a reciclagem através dos contentores azuis.

Figura 4-10. Histograma de frequências para o conhecimento sobre como utilizar os contentores azuis

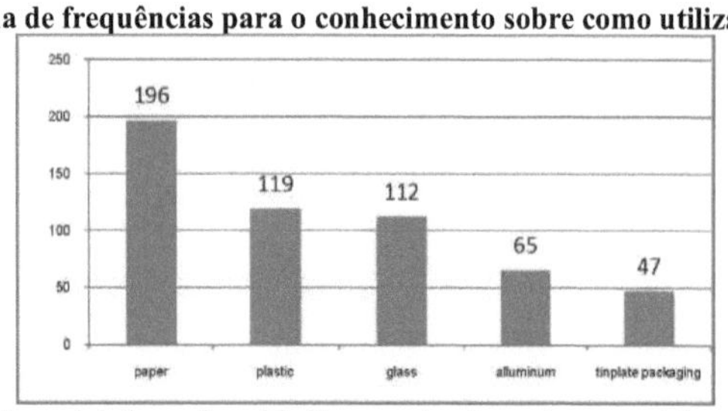

Os materiais que são reciclados pelos cidadãos que implementam a reciclagem através do sistema de contentores azuis são: 1) papel, 2) plástico, 3) vidro, 4) alumínio e 5) embalagens de folha de Flandres.

Tabela 4-10. Distribuição de frequências sobre a frequência com que os cidadãos reciclam através dos contentores azuis

	Frequência	Percentagem	Percentagem válida	Percentagem acumulada
Raramente	75	21	35	35
Algumas vezes	81	23	37	72
Muitas vezes	48	13	22	94

Sempre	12	4	6	100
Total	216	61	100	
Sistema em falta	139	39		
Total	355	100		
Média	1,9861			

Figura 4-11. Histograma de frequências sobre a frequência com que os cidadãos reciclam nos contentores azuis

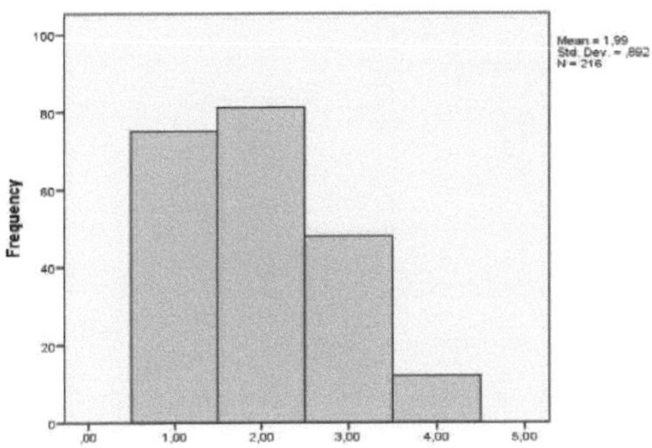

A maioria (72%) dos cidadãos que aplicam a reciclagem através dos contentores azuis fá-lo raramente (35%) ou às vezes (37%). Além disso, 28% dos cidadãos reciclam frequentemente (22%) ou sempre (6%). Finalmente, o índice médio é de 1,98 no clima 1 a 4 para cada uma das categorias apresentadas na tabela. Assim, verifica-se que existe uma concentração média de menos de metade, o que significa que o termo médio da taxa de reciclagem dos inquiridos está ligeiramente abaixo da média.

Tabela 4-11. Distribuição de frequências para a quantidade de materiais recicláveis dos cidadãos que responderam positivamente à pergunta 9

	Frequência	Percentagem	Percentagem válida	Percentagem acumulada
Todos os montantes	9	2	4	4
Vários montantes	52	15	24	28
Alguns montantes	74	21	35	63
Algumas quantidades	63	18	29	92

Muito poucas quantidades	18	5	8	100
Total	216	61	100	
Sistema em falta	139	39		
Total	355	100		
Média	2,1343			

Figura 4-12. Histograma de frequências para a quantidade de materiais recicláveis dos cidadãos que responderam positivamente à pergunta 9

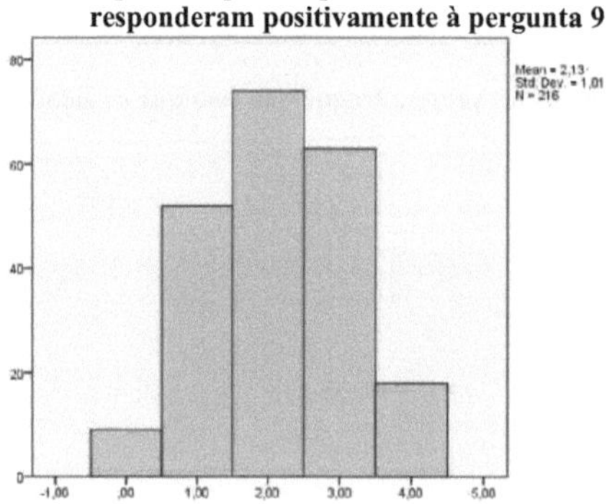

A quantidade de resíduos que são reciclados pelos cidadãos que aplicam a reciclagem é particularmente modesta (várias quantidades, 35%), com uma percentagem significativa no nível mais baixo (algumas quantidades, 29%), mas também uma quantidade muito pequena (muito poucas quantidades, 8%). Uma percentagem significativa dos inquiridos (28%) declarou que aplica a reciclagem a muitas, mas também a todas as quantidades de resíduos que produz.

Tabela 4-12. Distribuição de frequências para os motivos da não reciclagem

	Frequência	Percentagem	Percentagem válida	Percentagem acumulada
Não tenho conhecimento dos materiais que vão para o caixote do lixo azul	30	8	21	21
Não há caixote do lixo azul no meu bairro	59	18	41	62
Não tenho espaço na minha casa para guardar materiais para	25	7	17	79

	Frequência	Percentagem	Percentagem válida	Percentagem acumulada
reciclagem Não tenho tempo para separar os materiais para reciclagem	30	8	21	100
Total	144	41	100	
Sistema em falta	211	59		
Total	355	100		

Figura 4-13. Distribuição de frequências para as razões da não reciclagem

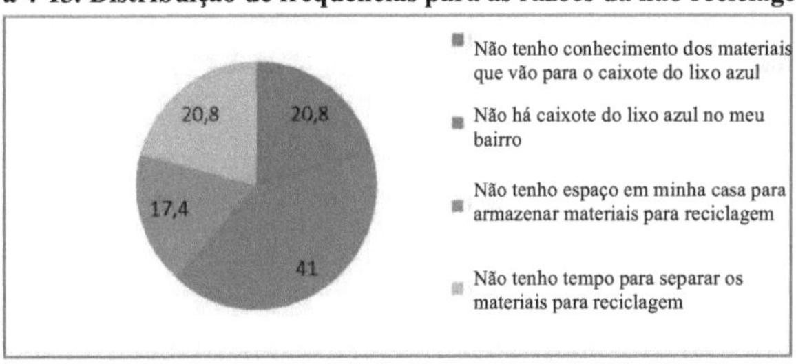

A maioria dos cidadãos que não implementam a reciclagem fazem-no principalmente devido à ausência de um contentor no seu bairro (41%). Outro fator importante para impedir a implementação da reciclagem é a falta de conhecimento sobre quais os materiais que entram no contentor azul (21%), bem como a falta de tempo para separar os resíduos para reciclagem (21%). Um fator relativamente menos importante parece ser a falta de espaço suficiente na casa dos inquiridos para o armazenamento dos resíduos a reciclar.

Tabela 4-13. Distribuição das frequências da pergunta. "Apoia a sua família e amigos a reciclar?"

	Frequência	Percentagem	Percentagem válida	Percentagem acumulada
Nunca	130	37	37	37
Algumas vezes	192	54	55	92
Sempre	30	8	8	100
Total	352	99	100	
Sistema em falta	3	1		

Total	355	100		

Figura 4-14. Distribuição das frequências da pergunta. "Apoia a sua família e amigos a reciclar?"

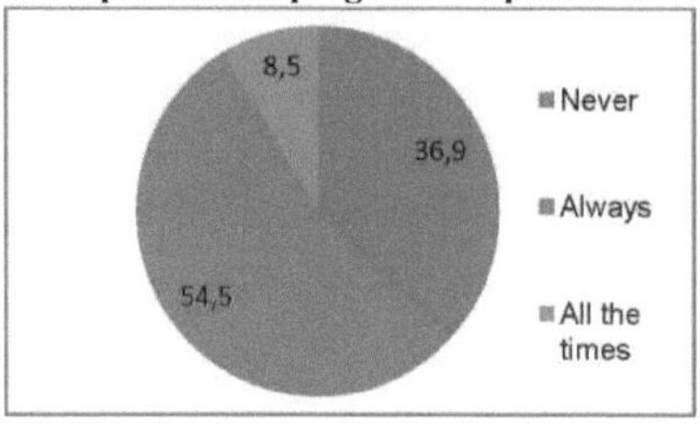

A maioria dos inquiridos (55%) respondeu que não insta frequentemente os membros da sua família e do seu ambiente amigável a implementar a reciclagem. Além disso, uma percentagem significativa (37%) respondeu que nunca incita nenhuma das pessoas acima referidas a efetuar a reciclagem. Apenas uma percentagem relativamente pequena (8%) respondeu que insta sempre os amigos e os familiares a reciclarem.

Tabela 4-14. Distribuição de frequências "O Município de Aigaleo faz esforços organizados no que respeita à reciclagem"

	Frequência	Percentagem	Percentagem válida	Percentagem acumulada
Sim	33	9	10	10
Não	181	51	51	61
Não sou atento	139	39	39	100
Total	353	99	100	
Sistema em falta	2	1		
Total	355	100		

Figura 4-15. Distribuição de frequências "O Município de Aigaleo faz esforços organizados no que respeita à reciclagem"

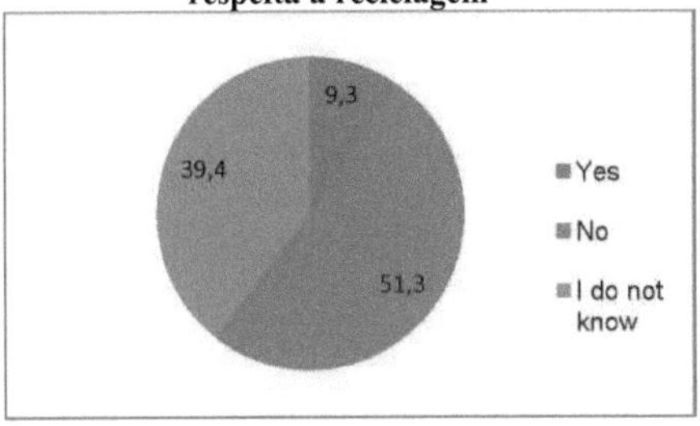

A maioria dos inquiridos (51%) respondeu que o município de Aigaleo não implementa esforços organizados para a reciclagem. Uma percentagem ainda mais significativa (39%) respondeu que não sabe se o município de Aigaleo implementa tais acções, enquanto apenas 10% dos cidadãos responderam positivamente.

Tabela 4-16. Distribuição de frequências "participaria voluntariamente em algum esforço do seu município para melhorar a reciclagem?"

Frequência		Percentagem	Percentagem válida	Percentagem acumulada
Sim, sem dúvida	46	13	13	13
Talvez se eu tivesse tempo livre	181	51	51	64
Não, porque não me interessa	127	35	36	100
Total	354	99	100	
Sistema em falta	1	1		
Total	355	100		

Figura 4-16. Distribuição de frequências "participaria voluntariamente em algum esforço do seu município para melhorar a 'reciclagem'?

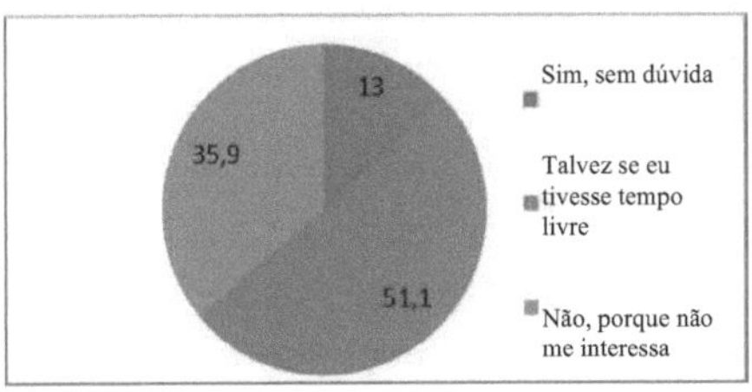

Os cidadãos que participaram no estudo responderam, na sua grande maioria (51%), que participariam voluntariamente em acções municipais para a melhoria da reciclagem. É de salientar que uma percentagem muito significativa de cidadãos (36%) respondeu negativamente e apenas 13% responderam positivamente à possibilidade de participação voluntária em acções de apoio à reciclagem

Quadro 4-16. Distribuição de frequências sobre "Concorda que, se os cidadãos fossem contemplados com uma redução financeira dos impostos municipais, participariam mais ativamente nos esforços de reciclagem?"

	Frequência	Percentagem	Percentagem válida	Percentagem acumulada
Muito	133	37	37	37
Um lote	89	25	25	62
Suficiente	73	21	21	83
Não muito	37	10	10	93
De modo algum	23	7	7	100
Total	355	100	100	

Figura 4-17. Histograma de frequências de "Concorda que se os cidadãos fossem um alívio financeiro dos impostos municipais, os cidadãos participariam mais ativamente nos esforços de reciclagem?

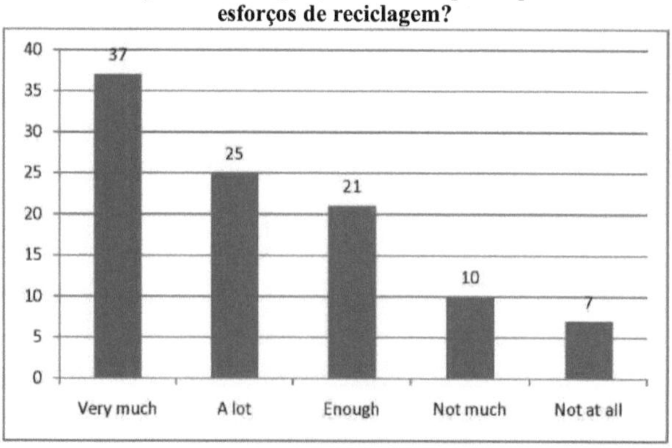

A maioria dos cidadãos (62%) afirma que a participação na reciclagem seria maior se houvesse reduções financeiras dos impostos municipais para os cidadãos interessados. 21% apoiam moderadamente este ponto de vista, enquanto 17% o apoiam um pouco (10%) ou não o apoiam de todo (7%).

Figura 4-18. Histograma de frequências de "O que recomendaria ao Município de Aigaleo fazer para motivar e incentivar os seus cidadãos a reciclar?"

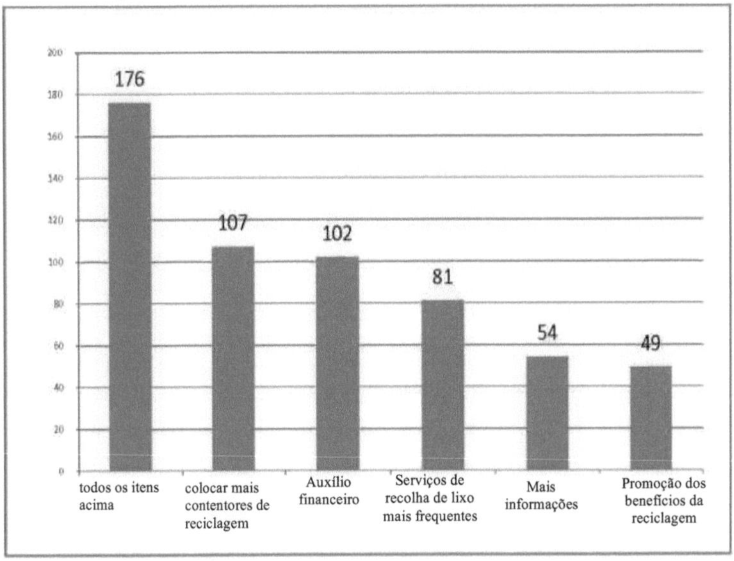

A maioria dos inquiridos propôs como motivos para motivar os cidadãos a implementar a reciclagem os seguintes factores 1) colocação de contentores de reciclagem, 2) ajuda financeira, 3) serviços de recolha de lixo frequentes, 4) mais informação, e 5) promoção dos benefícios da reciclagem. A série de factores acima referida resulta das respostas dos inquiridos, pelo que parece que a colocação de ecopontos é a mais popular entre os cidadãos que responderam em relação à promoção dos benefícios da reciclagem.

Tabela 4-17. Distribuição de frequências sobre "As taxas de limpeza municipal são pagas com base nos metros quadrados da sua casa. Preferia que a taxa fosse baseada na quantidade de resíduos que produz?"

	Frequência	Percentagem	Percentagem válida	Percentagem acumulada
Não	57	16	16	16
Sim	298	84	84	100
Total	355	100	100	

Figura 4-19. Distribuição de frequências sobre "As taxas municipais de limpeza são pagas com base nos metros quadrados da sua casa. Preferia que a taxa fosse baseada na quantidade de resíduos que produz?"

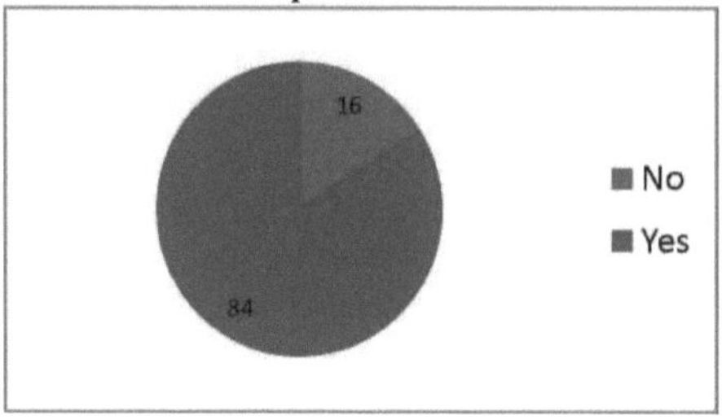

A maioria dos cidadãos (84%) concorda com a ligação das taxas de limpeza à quantidade de resíduos produzidos por agregado familiar. Uma pequena percentagem (16%) discorda da proposta acima referida.

Tabela 4-17. Distribuição de frequências para "Concorda com a colocação de um contentor especial exclusivamente para reciclagem de papel no seu bairro?"

	Frequência	Percentagem	Percentagem válida	Percentagem acumulada
Não	64	18	18	18
Sim	291	82	82	100
Total	355	100	100	

Figura 4-20. Distribuição de frequências para "concorda com a colocação de um contentor especial exclusivamente para reciclagem de papel no seu bairro?"

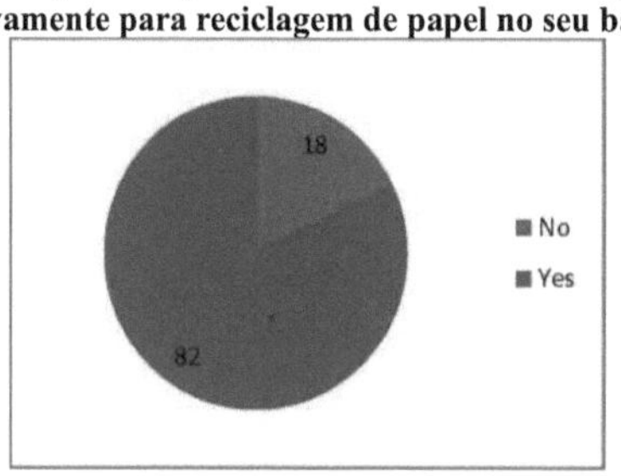

Uma percentagem significativa de cidadãos (82%) concorda com a colocação de um contentor de reciclagem de papel em cada bairro, enquanto uma taxa de 18% discorda desta perspetiva.

Tabela 4-18. Distribuição de frequências sobre "Está disposto a reciclar o papel separadamente para o contentor de papel especial?"

	Frequência	Percentagem	Percentagem válida	Percentagem acumulada
Não	102	29	29	29
Sim	253	71	71	100
Total	355	100	100	

Figura 4-21. Distribuição de frequências em "Está disposto a reciclar o papel separadamente para o contentor de papel especial?"

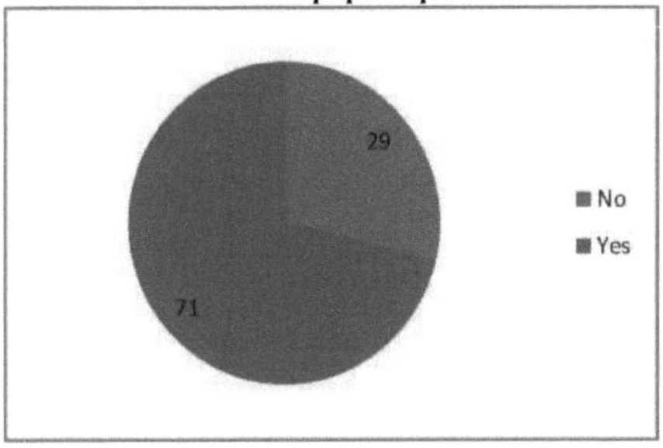

A maioria dos cidadãos (71%) respondeu positivamente à perspetiva de reciclagem de papel num contentor especial. 29% responderam negativamente a esta perspetiva.

Tabela 4-19. Distribuição de frequências sobre "Como acha que deve ser feita a informação ao público sobre a reciclagem de papel em papeleiras especiais?"

	Frequência	Percentagem	Percentagem válida	Percentagem acumulada
Inserções publicitárias ou informativas em jornais e revistas	93	26	26	26
Publicidade na televisão	96	27	27	53
Brochuras nos lares	51	14	14	67
Palestras de especialistas em escolas, clubes, organizações, etc.	115	33	33	100
Total	355	100	100	

Figura 4-22. Distribuição de frequências sobre "Como acha que deve ser feita a informação ao público sobre a reciclagem de papel em papeleiras especiais?"

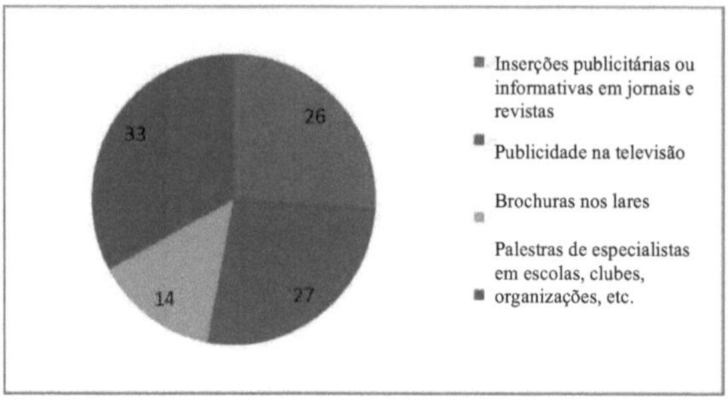

Os cidadãos sugerem que a informação sobre questões de reciclagem deve ser feita através de palestras em escolas por especialistas (33%), através de publicidade na televisão (27%), através de anúncios/informações na imprensa escrita (26%) e, por último, através de brochuras em casa (14%).

Intersecções de variáveis (tabulação cruzada) dos consumidores

Quadro 4-20. Tabulação cruzada 1. Género (cidadãos) * Aplica a reciclagem de materiais no caixote do lixo azul?

			Aplica a reciclagem de materiais para o caixote do lixo azul?		Total
			Não	Sim	
Género	Feminino	Frequência	70	101	171
		% do género	41%	59%	100%
	Masculino	Frequência	69	115	184
		% do género	37%	63%	100%
Total		Frequência	139	216	355
		% do género	39%	61%	100%

Testes de qui-quadrado

	Valor	df	Asymp. Sig. (2 lados)	Sig. exato (2 lados)	Sig. exato (1 lado)
Qui-quadrado de Pearson	,439[a]	1	,508		
Correção de continuidade[13]	,307	1	,580		
Rácio de verosimilhança	,439	1	,508		
Teste exato de Fisher				,516	,290
Linear por linear Associação	,438	1	,508		
N de casos válidos	355				

O género dos cidadãos não está relacionado com a sua tendência para implementar a reciclagem nos contentores azuis (p>0,05). Nas mesmas conclusões resultam também os estudos de [Straughan e Roberts (1999), do Valle et al., (2004), e Vicente e Reis (2007)], que afirmam que o género e a tendência para a reciclagem não estão significativamente relacionados.

Tabela 4-21. Tabulação cruzada 2. Idade (cidadãos) * Aplica a reciclagem de materiais no caixote do lixo azul?

			Aplica a reciclagem de materiais para o caixote do lixo azul?		Total
			Não	Sim	
Idade	18-24	Frequência	46	72	118
		% de idade	39%	61%	100%
	25-29	frequência	26	49	75

		% de idade	35%	65%	100%
	30-44	frequência	21	57	78
		% de idade	27%	73%	100%
	45-59	Frequência	27	31	58
		% de idade	47%	53%	100%
	60+	Frequência	19	7	26
		% de idade	73%	27%	100%
Total		Frequência	139	216	355
		% de idade	39%	61%	100%

Testes de qui-quadrado

	Valor	df	Asymp. Sig. (2 faces)
Qui-quadrado de Pearson	19,424[a]	4	,001
Rácio de verosimilhança	19,402	4	,001

Associação linear por linear	4,645	1	,031
N de casos válidos	355		

A idade está associada à tendência dos cidadãos para implementar a reciclagem através dos contentores azuis ($p < 0,05$). Os cidadãos com idades compreendidas entre os 30 e os 44 anos reciclam a uma taxa de 73%, ao contrário dos cidadãos com mais de 60 anos, que reciclam a uma taxa de 27%.

O resultado acima referido está relacionado com os estudos de [McDonald e Ball (1998), Martin et al., (2006), Smallbone (2005), Hansmann et al.,. (2006)]. Todos os resultados afirmam que a idade é uma variável explicativa significativa e está positivamente correlacionada com a reciclagem. No entanto, os resultados dos seus estudos indicam que as pessoas mais susceptíveis de reciclar são as de idade mais avançada, o que contrasta fortemente com os resultados acima referidos, que mostram que as pessoas mais jovens são mais susceptíveis de reciclar do que as mais velhas. Observa-se também que, à medida que a idade dos consumidores aumenta, a sua tendência para a reciclagem diminui.

Tabela 4-22. Tabulação cruzada 3. Estado civil (cidadãos) * Aplica a reciclagem de materiais para o caixote do lixo azul?

			Aplica a reciclagem de materiais para o caixote do lixo azul?		Total
			Não	Sim	
Estado civil	Casado	Frequência	53	79	132
		% do estado civil	40%	60%	100%
	Individual	Frequência	75	125	200
		% do estado civil	37%	67%	100%
	Divorciado	Frequência	4	9	13
		% do estado civil	31%	69%	100%
	Viúvo	Frequência	6	3	9

		% do estado civil	67%	33%	100%
Total		Frequência	138	216	354
		% do estado civil	39%	61%	100%

Testes de qui-quadrado

	Valor	df	Asymp. Sig. (2 lados)
Qui-quadrado de Pearson	3,529[a]	3	,317
Rácio de verosimilhança	3,453	3	,327
Associação linear por linear	,155	1	,694
N de casos válidos	354		

O estado civil dos cidadãos não está relacionado com a sua tendência para implementar a reciclagem ($p > 0,05$). A partir da revisão de outros estudos empíricos, não se verificou que o estado civil estivesse associado à tendência dos cidadãos para reciclar.

Tabela 4-23. Tabulação cruzada 4. Nível de escolaridade (cidadãos) * Aplica a reciclagem de materiais para o caixote do lixo azul?

			Aplica a reciclagem de materiais para o caixote do lixo azul?		Total
			Não	Sim	
Nível de escolaridade	Não frequenta a escola ou frequenta apenas algumas aulas do ensino primário	Frequência	1	0	1
		% do nível de ensino	100%	0%	100%

	licenciado do ensino primário	Frequência	5	2	7
		% do nível de ensino	71%	29%	100%
	Conclusão do ensino secundário	Frequência	37	42	79
		% do nível de ensino	47%	53%	100%
	Conclusão de um curso superior de liceu / escola técnica	Frequência	38	63	101
		% do nível de ensino	38%	62%	100%
	Frequência de universidade/instituiçã o de ensino tecnológico sem diploma	Frequência	20	34	54
		% do nível de ensino	37%	63%	100%
	licenciado pela Universidade / Instituição de Ensino Tecnológico	Frequência	34	60	94
		% do nível de ensino	36%	64%	100%
	Mestrado / Doutoramento	Frequência	4	15	19
		% do nível de ensino	21%	79%	100%
Total		Frequência	139	216	355
		% do nível de ensino	39%	61%	100%

Testes de qui-quadrado

	Valor	df	Asymp. Sig. (2 faces)

Qui-quadrado de Pearson	9,736ª	6	,136
Rácio de verosimilhança	10,190	6	,117
Associação linear por linear	6,055	1	,014
N de casos válidos	355		

O nível de escolaridade não está relacionado com a tendência para implementar a reciclagem (p>0,05). O resultado acima leva às mesmas conclusões com o estudo de do Valle et al., (2004), que mostra que o nível de educação não é uma variável explicativa estatisticamente significativa da reciclagem. Ao mesmo tempo, contrasta com os estudos de [Sidique et al., (2010), Jenkins et al., (2003)], onde os resultados mostram que o nível educacional está associado à tendência para implementar a reciclagem.

Tabela 4-24. Tabulação cruzada 5. Rendimento (nível dos cidadãos) * Aplica a reciclagem de materiais no contentor do lixo azul?

			Aplica a reciclagem de materiais para o caixote do lixo azul?		Total
			Não	Sim	
Rendimento	Inferior a 1.200 euros	Frequência	67	96	163
		% do rendimento	41%	59%	100%
	1.201-2.000€	Frequência	52	79	131
		% do rendimento	40%	60%	100%
	2.001-3.000€	Frequência	19	37	56
		% do rendimento	34%	66%	100%
	3.001-4.000€	Frequência	1	2	3

		% do rendimento	33%	67%	100%
	Acima de 4.001 euros	Frequência	0	2	2
		% do rendimento	0%	100%	100%
Total		Frequência	139	216	355
		% do rendimento	39%	61%	100%

Testes de qui-quadrado

	Valor	df	Asymp. Sig. (2 lados)
Qui-quadrado de Pearson	2,248[a]	4	,690
Rácio de verosimilhança	2,959	4	,565
Linear por linear Associação	1,451	1	,228
N de casos válidos	355		

Do exposto, verifica-se que o rendimento não está relacionado com a tendência dos cidadãos para reciclarem através dos contentores azuis ($p > 0,05$). Este resultado contrasta com a maioria dos estudos empíricos [Smallbone (2005), Jenkins et al., (2003), Martin et al., (2006), Afroz et al., (2009), Ojeda-Bentitez et al., (2003)] que foram mencionados na revisão da literatura, cujos resultados mostraram que o rendimento está positivamente correlacionado com a reciclagem e que é uma variável explicativa significativa.

Tabela 4-25. Tabulação cruzada 6. Nível de informação (cidadãos) sobre questões ambientais * Aplica a reciclagem de materiais no caixote do lixo azul?

			Aplica a reciclagem de materiais para o caixote do lixo azul?		Total
			Não	Sim	
O seu nível de informação sobre questões ambientais é?	Nenhum	Frequência	15	8	23
		% de O seu nível de informação sobre questões ambientais é?	65%	35%	100%
	Alguns	Frequência	59	50	109
		% de O seu nível de informação sobre questões ambientais é?	54%	46%	100%
	Bom	Frequência	52	95	147
		% de O seu nível de informação sobre questões ambientais é?	35%	65%	100%
	Muito bom	Frequência	13	52	65
		% de O seu nível de informação sobre questões ambientais é?	20%	80%	100%
	Excelente	Frequência	0	11	11

		% de O seu nível de informação sobre questões ambientais é?	0%	100%	100%
Total		Frequência	139	216	355
		% de O seu nível de informação sobre questões ambientais é?	39%	61%	100%

Testes de qui-quadrado

	Valor	df	Asymp. Sig. (2 lados)
Qui-quadrado de Pearson	34,787[a]	4	,000
Rácio de verosimilhança	39,144	4	,000
Linear por linear Associação	34,360	1	,000
N de casos válidos	355		

O nível de informação sobre questões ambientais parece estar perfeitamente relacionado com a tendência para implementar a reciclagem (p <0,05). O resultado acima está de acordo com os achados dos estudos de [do Valle et al., (2004), Aljaradin et al., (2011), Afroz et al., (2009), que indicam que o conhecimento/nível de informação sobre as questões ambientais aumentam as taxas de reciclagem.

Tabela 4-26. Tabulação cruzada 7. Conhecimento da utilização dos caixotes do lixo azuis (cidadãos) * Aplica a reciclagem de materiais para o caixote do lixo azul?

	Aplica a reciclagem de materiais para o caixote do lixo azul?		Total
	Não	Sim	

Conhece a utilização dos caixotes do lixo azuis?	Não	Frequência	40	3	43
		% de está familiarizado com a utilização de caixotes do lixo azuis?	93%	7%	100%
	Sim	Frequência	99	213	312
		% de está familiarizado com a utilização de caixotes do lixo azuis?	32%	68%	100%
Total		Frequência	139	216	355
		% de está familiarizado com a utilização de caixotes do lixo azuis?	39%	61%	100%

Testes de qui-quadrado

	Valor	df	Asymp. Sig. (2 lados)	Sig. exato (2 lados)	Sig. exato (1 lado)
Qui-quadrado de Pearson	59,593[a]	1	,000		
Correção de continuidade[13]	57,048	1	,000		
Rácio de verosimilhança	63,649	1	,000		
Teste exato de Fisher				,000	,000
Linear por linear Associação	59,425	1	,000		
N de casos válidos	355				

O nível de conhecimento dos cidadãos sobre os ecopontos azuis está absolutamente associado à tendência para a reciclagem ($p < 0,05$).

Tabela 4-27. Tabulação cruzada 8. Implementação da reciclagem (cidadãos) * Concorda que, se os cidadãos conscientes fossem contemplados com uma redução financeira dos impostos municipais, participariam mais ativamente na reciclagem?

			Concorda que, se os cidadãos conscientes fossem contemplados com uma redução financeira dos impostos municipais, participariam mais ativamente na reciclagem?					Total
			Muito	Um lote	Moderadamente	Um pouco	De modo algum	
Aplica a reciclagem de materiais para o caixote do lixo azul?	Não	Frequência	51	35	22	11	20	139
		% de aplica a reciclagem de materiais para o caixote do lixo azul?	37%	24%	15%	10%	14%	100%
	Nat	Frequência	82	54	51	26	3	216
		% de aplica a reciclagem de materiais para o caixote do lixo azul?	38%	25%	24%	12%	1%	100%
Total		Frequência	133	89	73	37	23	355
		% de aplica a reciclagem de materiais para o caixote do lixo azul?	37%	25%	21%	11%	6%	100%

Testes de qui-quadrado

	Valor	df	Asymp. Sig. (2 lados)
Qui-quadrado de Pearson	25,969ª	4	,000
Rácio de verosimilhança	26,722	4	,000
Linear por linear Associação	3,248	1	,071
N de casos válidos	355		

A tendência dos cidadãos para a reciclagem está totalmente relacionada com os incentivos financeiros (p <0,05). Como se observa no quadro supra, as taxas de reciclagem poderiam ser aumentadas se os cidadãos tivessem uma motivação financeira. O resultado supra está em plena consonância com as conclusões dos estudos de [Yau (2010), Martin et al., (2006)], que indicam que os incentivos financeiros são factores significativos de reciclagem.

Tabela 4-28. Tabulação cruzada 9. Implementação da Reciclagem (cidadãos) * Concordaria com a colocação de um contentor especial exclusivamente para reciclagem de papel no seu bairro?

			Concorda com a colocação de um contentor especial exclusivamente para a reciclagem de papel no seu bairro?		Total
			Não	Sim	
Aplica a reciclagem de materiais para o caixote do lixo azul?	Não	Frequência	38	101	139
		% de aplica a reciclagem de materiais para o caixote do lixo azul?	27%	73%	100%
	Sim	Frequência	26	190	216

		% de aplica a reciclagem de materiais para o caixote do lixo azul?	12%	88%	100%
Total		Frequência	64	291	355
		% de aplica a reciclagem de materiais para o caixote do lixo azul?	18%	82%	100%

Testes de qui-quadrado

	Valor	df	Asymp. Sig. (2 faces)	Sig. exato (2 lados)	Sig. exato (1 lado)
Qui-quadrado de Pearson	13,399ª	1	,000		
Correção de continuidadeb	12,383	1	,000		
Rácio de verosimilhança	13,089	1	,000		
Teste exato de Fisher				,000	,000
Linear por linear Associação	13,361	1	,000		
N de casos válidos	355				

A tendência dos cidadãos para a reciclagem está totalmente relacionada com a vontade de reciclar papel apenas no contentor especial ($p < 0,05$).

4.3 Regressões para os consumidores do município de Aigaleo

Como já foi referido, os estudos empíricos determinaram vários factores que influenciam a atitude dos consumidores em relação à reciclagem. O facto de os consumidores tenderem a reciclar é afetado por vários factores, como os dados demográficos e económicos
(género, idade, nível de educação, rendimento) [Smallbone (2005), Jenkins et al., (2003), Martin et al., (2006), Afroz et al., (2009), McDonald e Ball (1998), Kishino et al., (1998), Sidique et al, (2010), Straughan e Roberts (1999)], factores que estão diretamente relacionados com a reciclagem, como o conhecimento sobre os

materiais que são reciclados, a distância dos ecopontos, factores relacionados com as atitudes dos consumidores em relação à reciclagem [Smallbone (2005), do Valle et al, (2004), McDonald e Ball (1998), Vicente e Reis (2007)] e os factores que afectam o comportamento ecológico do consumidor e que incluem a sua preocupação com o ambiente, atitudes, opiniões e comportamentos, etc. [Straughan e Roberts (2007)]. [Straughan e Roberts (1999), do Valle et al., (2004)].

I. Estimativa do modelo de regressão logística para investigar os factores que influenciam o comportamento dos cidadãos em relação à reciclagem no município de Aigaleo

A investigação dos factores que afectam as atitudes dos cidadãos para reciclar ou não foi avaliada utilizando o método da máxima verosimilhança e aplica-se a seguinte equação de regressão logística

$$Question9 = bo + b1\ sexo + b2\ idade + b3\ educação\_dummy + b4\ casamento\_dummy + b_5\ membros\ da\ família + b_6\ rendimento + b_7 q7 + b_8 q8 + b_9 q14 + b_{10} q15 + b_{11} q16 + b_{12} q17 + b_{13} q19 + b_{14} q20 + b_{15} q21 + b_{16} q22 + si$$

As variáveis apresentadas na equação acima são:

Questão9: é a variável dependente qualitativa que exprime a atitude dos cidadãos em relação à reciclagem e assume o valor 1 quando os residentes reciclam e 0 quando os residentes não reciclam.

Sexo: é a variável qualitativa independente que reflecte o sexo dos inquiridos e assume os valores 1 para o sexo masculino e 0 para o sexo feminino.

Idade: é uma variável independente quantitativa, que expressa a idade dos cidadãos e assume o valor 0 quando é 18-24, o valor 1 quando é 25-29, o valor 2 quando é 30-44, o valor 3 quando é 45-59 e o valor 4 quando é 60+.

Dummy conjugal: é uma variável dummy que representa o estado civil dos cidadãos e assume o valor 0 quando são casados, o valor 1 para todos os outros casos.

Membros da família: é uma variável quantitativa independente, que expressa o número de membros da família.

Variável dummy de educação: é uma variável dummy que reflecte o nível de educação dos cidadãos e assume o valor 0 quando o nível de educação é até ao ensino secundário e o valor 1 quando o nível é superior/superior.

Renda: é uma variável independente quantitativa, que expressa a renda líquida mensal da família e assume o valor 0 quando é inferior a 1.200, o valor 1 quando é de 1201 a 2000, o valor 2 quando é de 2001 a 3000, o valor 3 quando é de 3001 a 4000 e o valor 4 quando é superior a 4.001.

Q7: é uma variável quantitativa independente que exprime o nível de informação dos cidadãos sobre as questões ambientais e assume o valor de 0 quando é nulo, o valor de 1 quando é pouco, o valor de 2 quando é bom, o valor de 3 quando é demasiado bom e o valor de 4 quando é excelente.

Q8: é uma variável qualitativa independente que exprime o conhecimento dos cidadãos sobre a utilização de caixotes do lixo azuis e assume o valor de 1 quando é afirmativa e 0 quando não é.

Q14: trata-se de uma variável quantitativa independente que expressa se o cidadão incita a sua família e o seu ambiente familiar a participarem na reciclagem e assume o valor 0 quando a resposta é nunca, o valor 1 quando a resposta é às vezes e o valor 3 quando a resposta é sempre.

Q15: é uma variável independente quantitativa que representa o conhecimento do cidadão sobre se o município a que pertence faz esforços organizados para a reciclagem e assume o valor de 0 quando a resposta é sim, o valor de 1 se a resposta é não e o valor de 3 quando a resposta é não sei.

Q16: esta é uma variável quantitativa independente que expressa a participação voluntária do cidadão em algum esforço do município para melhorar a implementação da reciclagem e assume o valor de 0 quando a resposta é definitivamente sim, o valor de 1 quando a resposta é talvez, se tivesse tempo livre e o valor de 2 quando a resposta é não, porque não me interessa.

Q17: é uma variável independente quantitativa que expressa a concordância do cidadão com a proposta de que se os cidadãos premiados fossem recompensados, com um alívio financeiro dos impostos municipais, as pessoas participariam mais ativamente na reciclagem e assume o valor de 0 quando a resposta é muito, o valor de 1 quando a resposta é muito, o valor de 2 quando a resposta é moderada, o valor de 3 quando a resposta é pouco e o valor de 4 quando a resposta é nada.

Q19: esta é uma variável qualitativa independente que expressa a preferência do cidadão em ser cobrado com base na quantidade de resíduos produzidos em vez de metros quadrados da casa e toma o valor de 1 se a resposta for sim e 0 quando a resposta for não. **Q20:** é uma variável qualitativa independente que expressa a concordância do munícipe com a proposta de instalação de um contentor especial para reciclagem exclusivamente de papel no seu bairro e toma o valor de 1 se a resposta for sim e 0 quando a resposta for não.

Q21: trata-se de uma variável qualitativa independente que exprime a vontade do cidadão de reciclar o papel separadamente para o contentor de papel específico e assume o valor de 1 se a resposta for sim e de 0 se a resposta for não.

Q22: é uma variável qualitativa independente que expressa a opinião do cidadão sobre qual é a melhor forma de informar o público sobre a reciclagem de papel e assume o valor de 0 quando a resposta é publicidade ou encartes informativos em jornais e revistas, o valor de 1 quando a resposta é publicidade na TV, o valor de 2 quando a resposta é folhetos publicitários ao domicílio e o valor de 3 quando a resposta é palestras de especialistas em escolas, clubes, organizações, etc.
si: erros de regressão

Na segunda coluna do quadro seguinte, são apresentados os resultados da estimativa da equação acima referida para todas as variáveis explicativas. As variáveis estatisticamente não significativas foram retiradas do modelo inicial e os resultados do modelo final são apresentados na terceira coluna do quadro.

Tabela 4-29. Regressão logística estimada para a implementação ou não da reciclagem pelos cidadãos

	Modelo inicial (2)		**Mod final**	**lel (3)**
Variáveis (1)	B	Wald	B	Wald
Estável (fazer reciclagem) (q9)	4,877***=	18.591	-4,3344***	22.326
sexo	.237	.752		
Idade (idade)	.103	.456		
Nível de educação (dummy de educação)	.082	.082		
Estado civil (dummy conjugal)	-0,097	.070		
Familiares (membros da família)	-.014	.012		
Rendimento (rendimento)	0,351***=	3.870	-0,349**	4.044
Atualização das suas questões ambientais? (q7)	0,487***	8.056	0,495***	8.896

Conhece a utilização dos caixotes do lixo azuis? (q8)	3,260***	20.429	3,069***	19.957
Exorto a vossa família e o vosso ambiente amigável a participarem na reciclagem (q14)	0,987***	12.863	1,005***	14.441
O município de Aigaleo faz esforços organizados para a reciclagem? (q15)	.304	2.116		
Seria voluntário num esforço do seu município para melhorar a aplicação da reciclagem? (q16)	-0,481*	3.510	-.377	2.365
Concorda que se os cidadãos conscientes fossem recompensados, com um alívio financeiro dos impostos municipais, as pessoas participariam mais ativamente na reciclagem? (q17)	0,400***	8.335	0,373***	7.886
As taxas municipais de limpeza são pagas com base nos metros quadrados da sua casa. Prefere que lhe seja cobrada uma taxa em função da quantidade de resíduos que produz? (q19)	0,661*	3.305	.575	2.603
Concorda com a instalação de um contentor especial para reciclagem exclusivamente de papel no seu bairro? (q20)	-.593	1.432	.367	1.372
Está disposto a reciclar papel separadamente para o contentor de papel específico? (q21)	0,697*	3.167		
Como acha que deve ser feita a informação ao público sobre a reciclagem de papel nos contentores de papel? (q22)	.037	.097		
(qui-quadrado)	10,314		11,921	
Coxx & Shell R2	0.300		0.300	
2 Rácio de verosimilhança logarítmica	342,665		342,568	

*** Nível de significância de 1%

** Nível de significância de 5%

* Nível de significância de 10%

A partir da tabela acima, observa-se que o género, a idade, o estado civil, o nível de escolaridade e o número de membros da família dos cidadãos não são variáveis explicativas estatisticamente significativas em termos de reciclagem. O resultado acima está de acordo com os resultados da investigação de do Valle et al., (2004), que indicam que o género, a idade e o nível de escolaridade não são determinantes estatisticamente significativos do comportamento em relação à reciclagem. Também está de acordo com os resultados de Vicente e Reis (2007), onde as caraterísticas demográficas não mostraram qualquer influência significativa na sua investigação.

Pelo contrário, este resultado está em desacordo com a maioria dos estudos acima analisados [McDonald e Ball (1998), Jenkins et al. (2003), Martin et al. (2006), Smallbone (2005), Hansmann et al. (2006), Sidique et al. (2010), Afroz et al. (2009), Straughan e Roberts (1999)], que sugerem que a idade, a educação e a dimensão do agregado familiar são variáveis explicativas estatisticamente significativas e estão positivamente correlacionadas com a reciclagem.

Além disso, observa-se que a cobrança baseada na quantidade de resíduos produzidos em vez de metros quadrados da casa e os esforços organizados que podem ser realizados pelo município para a reciclagem não são variáveis explicativas estatisticamente significativas em termos de reciclagem. Em resultados correspondentes conclui-se também a investigação de Jenkins et al., (2003), que afirma que o programa de cobrança às famílias em função da quantidade de resíduos não é um fator estatisticamente significativo na percentagem de reciclagem.

Os factores interpretativos não estatisticamente significativos da reciclagem são também os programas de voluntariado para melhorar a reciclagem, a vontade do cidadão de reciclar papel separadamente no contentor de papel especial e a instalação de um contentor especial para reciclagem de papel apenas no seu bairro.

De acordo com o modelo final, a equação estimada dos determinantes no que respeita à reciclagem é a seguinte

$$\textbf{\textit{Pergunta9}} = bo - 0{,}349\ rendimento + 0{,}495\ q7 + 3{,}069\ q8 + 1{,}005\ q14 + 0{,}373\ q17 + si$$

O rendimento mensal líquido da família é um determinante estatisticamente significativo da reciclagem ao nível de 5% . O sinal negativo do coeficiente estimado sugere que os cidadãos com menor rendimento mensal do agregado familiar têm maior probabilidade de reciclar do que os cidadãos com maior rendimento mensal do agregado familiar. Este resultado é parcialmente coerente com os resultados de outros estudos relativos ao aparecimento do rendimento como fator determinante da reciclagem. No entanto, a maioria dos estudos analisados [Smallbone (2005), Jenkins et al., (2003), Martin et al., (2006), Afroz et al., (2009), Ojeda-Bentitez et al, (2003)], mostram que o rendimento está positivamente correlacionado com a reciclagem, ou seja, os consumidores com rendimentos mais elevados são mais susceptíveis de reciclar do que aqueles que têm menos rendimentos, o que contrasta com o resultado da regressão logística neste ensaio, que mostrou que os cidadãos do município de Aigaleo com menos rendimentos são mais susceptíveis de reciclar do que os cidadãos com rendimentos mais elevados.

O nível de sensibilização dos cidadãos para as questões ambientais é uma determinante estatisticamente significativa da reciclagem ao nível de 1% . O sinal positivo do coeficiente estimado indica que os cidadãos mais susceptíveis de reciclar são aqueles que têm um nível mais elevado de sensibilização para as questões ambientais em relação aos cidadãos que têm um nível mais baixo de sensibilização para as questões ambientais. Este resultado contrasta com os resultados das investigações de do Valle et al., (2004) e Smallbone (2005), que indicam que a capacidade perceptiva de contribuir para a resolução de questões ambientais e a preocupação com as questões ambientais não é um fator determinante importante do comportamento no que diz respeito à reciclagem.

Os conhecimentos dos cidadãos sobre a utilização dos contentores de lixo azuis afectam positivamente as percentagens de reciclagem e o coeficiente estimado é estatisticamente significativo ao nível de 1% . O resultado positivo na coluna 3 do quadro acima indica que os cidadãos que receberam formação para utilizar os contentores de reciclagem azuis têm mais probabilidades de reciclar do que os que não têm conhecimento. Este resultado está de acordo com a pesquisa de Jenkins et al., (2003) que indica que a existência de um programa de reciclagem com contentores é um fator estatisticamente significativo que aumenta a intensidade da reciclagem. Também as pesquisas de [do Valle et al., (2004), Aljaradin et al., (2011), Hansmann et al., (2006) chegam a uma conclusão semelhante] afirmando que a informação afecta positivamente as práticas de reciclagem.

A motivação dos cidadãos para que a sua família e o seu ambiente amigável participem na reciclagem é um fator determinante estatisticamente significativo da reciclagem ao nível de 1% . O sinal positivo do coeficiente estimado da motivação mostra que os cidadãos que reciclam têm mais probabilidades de encorajar positivamente a sua família e o seu ambiente amigável a participarem na reciclagem do que os cidadãos que não reciclam. A investigação de Vicente e Reis (2007) também chegou a uma conclusão semelhante.

Além disso, a concordância dos cidadãos com a sugestão de que se os cidadãos conscientes fossem recompensados, com um alívio financeiro dos impostos municipais, estariam mais ativamente envolvidos na reciclagem é um fator explicativo estatisticamente significativo no aumento da reciclagem a 1% e o sinal do coeficiente estimado é positivo. O sinal positivo indica que os consumidores que concordam com a proposta acima são mais propensos a reciclar do que aqueles que discordam.

Tendo em conta o quadro acima, de acordo com o coeficiente de determinação de Coxx & Shell R2, as variáveis independentes que são examinadas no modelo original explicam 30% da variável dependente. Para além disso, as variáveis independentes são estatisticamente significativas no modelo original, são examinadas no modelo final e interpretam os 30% da variável dependente (mais uma vez de acordo com o coeficiente de determinação de Coxx & Shell R2).

Em conclusão, de tudo o que foi dito, conclui-se que os cidadãos mais envolvidos no processo de reciclagem são os consumidores com um rendimento familiar mensal mais baixo. Além disso, observa-se que os cidadãos que reciclam mais são aqueles que têm um maior nível de consciencialização sobre as questões ambientais e têm conhecimentos sobre a utilização dos contentores de lixo azuis. Por fim, observa-se que a motivação dos consumidores que já reciclam, em relação à sua família e ao ambiente, e também os incentivos financeiros aumentam as percentagens de reciclagem.

II. Avaliação de modelos de regressão linear múltipla para a investigação dos factores que afectam a frequência de aplicação da reciclagem pelos cidadãos

A fim de investigar os factores que afectam negativa ou positivamente a frequência de aplicação da reciclagem pelos cidadãos do município de Aigaleo, foi estimada, com o método dos mínimos quadrados, a seguinte equação de regressão linear múltipla.

Frequência (Q11) = bo + b1 sexo + b2 idade + b3 fator de educação + b4 factor_casal + b5 rendimento + b6 q7+ b7 q8 + b8 q10.1 + b9 q10.2 + b10 q10.3 + b11 q10.4 + b12 q10.5 + b13 q14 + b14 q15 + b15 q16 + b16 q17 + b17 q19 + b18 q20 + b19 q21 + si

Portanto, analiticamente, observamos:

Frequência (Q11): é uma variável dependente quantitativa, que expressa a taxa de reciclagem de materiais dos cidadãos nos contentores de reciclagem azuis e assume os valores de 0 a 4, em que 0 = nunca, 1 = raramente, 2 = às vezes, 3 = muitas vezes, 4 = sempre.

Sexo: é uma variável qualitativa independente que reflecte o sexo dos inquiridos e assume os valores 1 para homens e 0 para mulheres.

Idade: é uma variável independente quantitativa, que exprime a idade dos cidadãos e assume o valor de 0 quando é 18-24, o valor de 1 quando é 25-29, o valor de 2 quando é 30-44, o valor 3 quando é 45-59 e 4 quando é 60+.

Dummy de educação: é uma variável dummy que reflecte o nível de educação dos cidadãos e assume o valor de 0 quando o nível de educação é até ao ensino secundário e o valor de 1 quando o nível é superior/superior.

Dummy marital: é uma variável dummy que representa o estado civil dos seus cidadãos e assume o valor 1 quando são casados, o valor 0 para todos os outros casos (solteiros, viúvos, divorciados).

Renda: é uma variável independente quantitativa, que expressa a renda líquida mensal da família e assume o valor 0 quando é inferior a 1.200, o valor 1 quando é de 1201 a 2000, o valor 2 quando é de 2001 a 3000, o valor 3 quando é de 3001 a 4000 e o valor 4 quando é superior a 4.001.

Q7: é uma variável quantitativa independente que exprime qual o nível de informação dos cidadãos sobre as questões ambientais e toma o valor 0 quando é nenhum, o valor 1 quando é pouco, 2 quando o nível é bom, o valor 3 quando é muito bom e o valor 4 quando é excelente.

Q8: trata-se de uma variável qualitativa independente que exprime o conhecimento dos cidadãos sobre a utilização dos caixotes do lixo azuis e toma o valor de 1 quando é sim e 0 quando é não.

Q10.1: trata-se de uma variável qualitativa independente que exprime a atitude dos cidadãos relativamente ao facto de reciclarem ou não o papel e que assume o valor de 1 quando dizem que sim e de 0 quando dizem que não.

Q10.2: trata-se de uma variável qualitativa independente que exprime a atitude dos cidadãos relativamente ao facto de reciclarem ou não o vidro e assume o valor de 1 quando dizem que sim e de 0 quando dizem que não.

Q10.3: trata-se de uma variável qualitativa independente que exprime a atitude dos cidadãos relativamente ao facto de reciclarem ou não o plástico e assume o valor de 1 quando dizem que sim e de 0 quando dizem que não.

Q10.4: é uma variável qualitativa independente que exprime a atitude dos cidadãos relativamente ao facto de reciclarem ou não o alumínio e assume o valor de 1 quando dizem que sim e de 0 quando dizem que não.

Q10.5: trata-se de uma variável qualitativa independente que exprime a atitude dos cidadãos relativamente ao facto de reciclarem ou não as embalagens de folha de Flandres e que assume o valor de 1 quando dizem que sim e de 0 quando dizem que não.

Q14: trata-se de uma variável quantitativa independente que expressa se o cidadão incita ou não a sua família e o seu ambiente familiar a participarem na reciclagem e assume o valor de 0 quando a resposta é nunca, o valor de 1 quando a resposta é às vezes e o valor de 3 quando a resposta é sempre.

Q15: é uma variável qualitativa independente que expressa o conhecimento do cidadão sobre se o município a que pertence faz esforços organizados para a reciclagem e assume o valor de 0 quando a resposta é sim, o valor de 1 quando a resposta é não e o valor de 2 quando a resposta é não sei.

Q16: esta é uma variável qualitativa independente que expressa a participação voluntária do cidadão em algum esforço do município de Aigaleo para a melhoria da reciclagem e assume o valor de 0 quando a resposta é definitivamente sim, o valor de 1 quando a resposta é talvez, se tivesse tempo livre e o valor de 2 se a resposta é não, porque não me interessa.

Q17: é uma variável independente quantitativa que expressa a concordância do cidadão com a proposta de que se os cidadãos conscientes fossem financeiramente aliviados dos impostos municipais, as pessoas participariam mais ativamente na reciclagem e assume o valor 0 quando a resposta é muito, o valor 1 quando a resposta é muito, o valor 2 quando a resposta é medíocre, o valor 3 quando a resposta é pouco e o valor 4 quando a resposta é não.

Q19: é uma variável qualitativa independente que exprime a preferência do cidadão por ser cobrado com base na quantidade de resíduos produzidos em vez dos metros quadrados da casa e tem o valor de 1 quando a resposta é sim e 0 quando a resposta é não.

Q20: é uma variável qualitativa independente que expressa a concordância do cidadão na proposta de instalação de contentores exclusivamente para reciclagem de papel no seu bairro e assume o valor de 1 quando a resposta é sim e 0 quando a resposta é não.

Q21: é uma variável qualitativa independente que exprime a vontade do cidadão de reciclar o papel separadamente no contentor de papel especial e toma o valor de 1 quando a resposta é sim e de 0 quando a resposta é não.

si: erros de regressão

Na segunda coluna do quadro seguinte, são apresentados os resultados da estimativa da equação acima referida para todas as variáveis explicativas. As variáveis não significativas foram retiradas do modelo inicial e os resultados do modelo final são apresentados na terceira coluna do quadro.

Tabela 4-30. Estimativa da regressão linear múltipla para a frequência de reciclagem pelos cidadãos

	Modelo inicial (2)		**Modelo final (3)**	
Variáveis (1)	B	t	B	t
Estável (Se SIM à pergunta 9, com que frequência aplica a reciclagem de materiais no contentor azul) q11 (frequência)	1.1812**	1.994	2.255***	14.373
Sexo (género)	.058	.495		
Idade (idade)	.005	.071		

Nível de educação (dummy de educação)	-.070	-.607		
Estado civil (dummy marital)	.010	.069		
Rendimento (jncome)	-0.223***	-2.948	-0.201***	-3.014
A sua informação sobre questões ambientais é?	.099	1.465		
Sabe para que servem os caixotes do lixo azuis?	.354	.723		
Se SIM à pergunta 9, que materiais deita no contentor azul (papel)?	.069	.336		
Se SIM à pergunta 9, que materiais deita no contentor azul (vidro)?	-.004	-.036		
Se SIM à pergunta 9, que materiais deita no contentor azul (plástico)?	.193	1.540		
Se SIM à pergunta 9, que materiais deita no contentor azul (alumínio)	0.382**	2.373	0.559***	4.699
Se SIM à pergunta 9, que materiais deita no contentor azul (lata)	.173	.900		
Incentiva a sua família e o seu ambiente amigável a participar na reciclagem	.037	.342		
O município de Aigaleo faz esforços organizados para a reciclagem?	.083	.925		

É voluntário(a) em algum esforço do seu município para melhorar a reciclagem?	-0.366***	-3.562	-0.408***	-4.769
Concorda que, se os cidadãos conscientes fossem financeiramente aliviados dos impostos municipais, participariam mais ativamente na reciclagem?	-.006	-.101		
As taxas municipais de limpeza são pagas com base nos metros quadrados da sua casa. Prefere ser cobrado com base na quantidade de resíduos que produz?	-.103	-.616		
Concorda com a instalação de um contentor especial para reciclagem exclusivamente de papel no seu bairro?	.265	1.305		
Está disposto a reciclar papel separadamente no contentor de papel especial?	.094	.544		
Estatística F	3,920		15,028	
Praça R	.291		.223	
R quadrado (adj)	.217		.208	

*** Nível de significância de 1%
** Nível de significância de 5%
* Nível de significância de 10%

A partir da tabela de regressões lineares múltiplas acima, verifica-se que o sexo, a idade, o estado civil e o nível de escolaridade dos cidadãos não são variáveis explicativas estatisticamente significativas sobre a frequência de reciclagem. O resultado acima confirma as pesquisas de do Valle et al., (2004) e Vicente e Reis (2007) que também chegaram a uma conclusão semelhante.

Os factores de interpretação não estatisticamente significativos para a frequência de reciclagem são o nível de sensibilização dos cidadãos para as questões ambientais e o seu conhecimento sobre a utilização dos contentores de lixo azuis. As pesquisas de do Valle et al., (2004) e Smallbone (2005) concluem por resultados semelhantes, que indicam que a capacidade perceptiva de contribuir para a resolução de questões ambientais e a preocupação com as questões ambientais não é um fator determinante significativo do comportamento para a reciclagem

Além disso, observa-se que a cobrança baseada na quantidade de resíduos produzidos em vez de metros quadrados da casa e os esforços organizados que podem ser realizados pelo município para a reciclagem não são variáveis explicativas estatisticamente significativas sobre a frequência da reciclagem. Em resultados correspondentes conclui-se também a pesquisa de Jenkins et al., (2003), que afirma que o programa de cobrança às famílias em função da quantidade de resíduos não é um fator estatisticamente significativo na percentagem de reciclagem.

A disposição dos cidadãos para reciclar papel separadamente no contentor de papel especial e a sua concordância com a instalação de contentores especiais exclusivamente para reciclagem de papel no seu bairro não interpreta a frequência de reciclagem para qualquer nível de significância estatística.

A concordância dos cidadãos com a sugestão de que, se os cidadãos conscientes fossem financeiramente aliviados dos impostos municipais, participariam mais ativamente na reciclagem não é um fator explicativo estatisticamente significativo da frequência de aplicação da reciclagem pelos cidadãos. Smallbone (2005) conclui com resultados semelhantes que os incentivos financeiros sob a forma de reembolso em caso de participação na reciclagem têm pouca influência e convenceriam poucas pessoas a reciclar.

Por último, a motivação dos cidadãos em relação à sua família e ao seu ambiente amigável para participarem na reciclagem e a atitude dos cidadãos para reciclarem embalagens de papel, vidro, plástico e folha de Flandres não interpretam a frequência de aplicação da reciclagem para qualquer nível de significância estatística.

Frequência (Q11) = bo- 0,201 rendimento + 0,559 q10.4 - 0,408 q16 + si

O rendimento mensal líquido da família é um fator determinante estatisticamente significativo da frequência da reciclagem a um nível de 1%. O sinal negativo do coeficiente estimado sugere que os cidadãos com um rendimento familiar mensal mais baixo reciclam mais frequentemente do que os cidadãos com um rendimento familiar mensal mais elevado ou que os cidadãos com rendimentos mais elevados não reciclam frequentemente.

A atitude dos cidadãos em relação à reciclagem do alumínio (q10.4) afecta positivamente a frequência da reciclagem e o coeficiente estimado é estatisticamente significativo ao nível de 1%. Os cidadãos que reciclam o alumínio parecem reciclar mais frequentemente do que os cidadãos que não reciclam o alumínio.

O acordo sobre a participação voluntária do cidadão em algum esforço do município de Aigaleo para a melhoria da reciclagem é um fator determinante estatisticamente significativo para a frequência da reciclagem. O sinal negativo indica que os cidadãos que não tencionam participar voluntariamente em algum esforço do município de Aigaleo para a melhoria da reciclagem são mais frequentes do que os cidadãos que tencionam participar nas actividades do município.

Tendo em conta o quadro acima, de acordo com o coeficiente de determinação R quadrado, as variáveis independentes que são examinadas no modelo original interpretam 29,1% da variável dependente. Além disso, as variáveis independentes que são estatisticamente significativas no modelo original são examinadas no modelo final e interpretam novamente 22,3% da variável dependente de acordo com o coeficiente de determinação R quadrado.

Concluindo, concluímos que os cidadãos com um rendimento familiar mensal mais baixo reciclam mais frequentemente do que os cidadãos com um rendimento familiar mensal mais elevado. Também se observa que os cidadãos que reciclam alumínio parecem reciclar mais vezes do que os cidadãos que não reciclam alumínio. Finalmente, os cidadãos que não tencionam participar voluntariamente em algum esforço do município de Aigaleo para a melhoria da reciclagem reciclam mais frequentemente do que os cidadãos que tencionam participar nas actividades do município.

Capítulo 5

RESULTADOS DE ANÁLISES ESTATÍSTICAS PARA EMPRESAS

Neste capítulo são apresentados os resultados da análise estatística para o primeiro grupo estudado, os empresários. A secção 5.1 inclui as distribuições de frequência, a secção 5.2 contém as correlações das variáveis e, finalmente, a secção 5.3 inclui as regressões (logística - linear múltipla).

5.1 Estatísticas descritivas e análise das empresas

Tabela 5-1. Distribuição de frequências por Género (empresários)

	Frequência	Percentagem	Percentagem válida	Percentagem acumulada
Feminino	25	50	50	50
Masculino	25	50	50	100
Total	50	100	100	

Figura 5-1. Género (homens de negócios

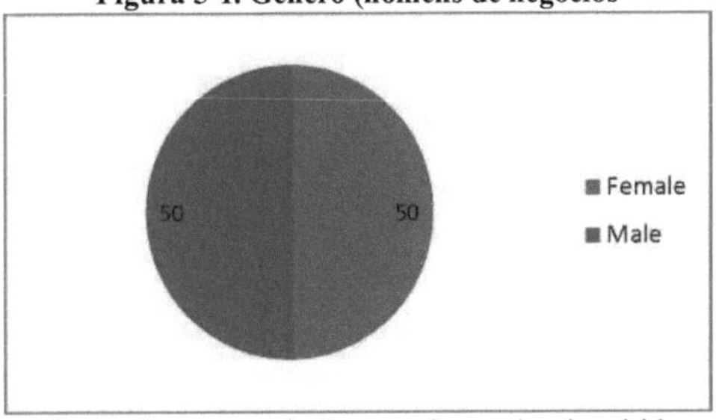

De acordo com o gráfico acima, em relação ao género dos inquiridos, dos 50 empresários que participaram no estudo, 25 (50%) eram homens e os outros 25 (50%) eram mulheres. A amostra é constituída por uma participação igual de género.

Tabela 5-2. Distribuição de frequências por idade (Empresários)

	Frequência	Percentagem	Percentagem válida	Percentagem acumulada
28	2	4	4	4
29	2	4	4	8
30	3	6	6	14
31	1	2	2	16
32	2	4	4	20
33	1	2	2	22
34	2	4	4	26
35	2	4	4	30
36	2	4	4	34
37	1	2	2	36
38	4	8	8	44
39	4	8	8	52
40	3	6	6	58
41	1	2	2	60
42	2	4	4	64
43	1	2	2	66
44	2	4	4	70

45	1	2	2	72
47	1	2	2	74
48	3	6	6	80
49	3	6	6	86
52	2	4	4	90
53	1	2	2	92
54	1	2	2	94
60	1	2	2	96
61	1	2	2	98
62	1	2	2	100
Total	50	100	100	

Figura 5-2. Histograma de frequências sobre a idade (Empresários)

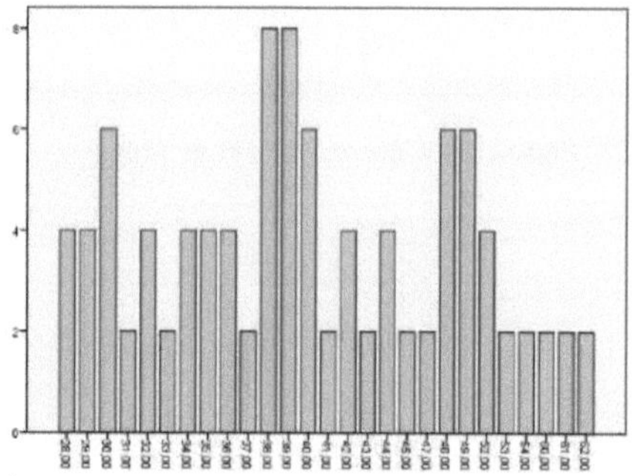

A idade dos inquiridos varia entre os 29 e os 62 anos, com uma idade média de 40,8 anos. Observando o gráfico, verifica-se que a maioria dos inquiridos se concentra no grupo etário dos 38 anos (8%) e dos 39 anos (8%), seguindo-se uma elevada percentagem dos grupos etários dos 30 (6%), 40 (6%) e 49 (6%) anos.

Tabela 5-3. Distribuição de frequências sobre a dimensão da empresa

	Frequência	Percentagem	Percentagem válida	Percentagem acumulada
Muito pequena (<10 empregados)	40	80	80	80
Pequena (<50 trabalhadores)	8	16	16	96
Médio (<250 empregados)	2	4	4	100
Total	50	100	100	

Figura 5-3. Distribuição de frequências sobre a dimensão da empresa

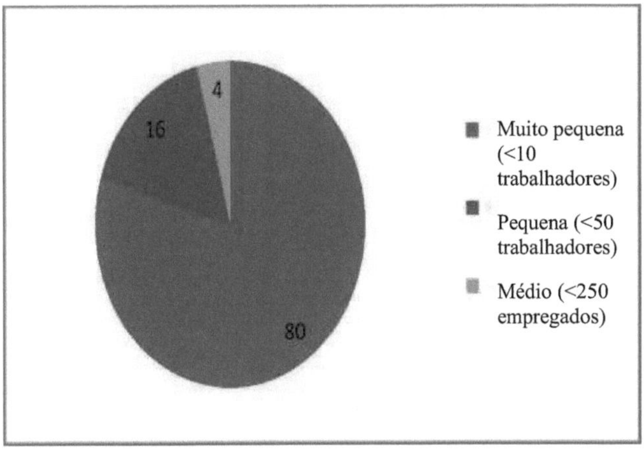

Relativamente à dimensão das empresas que participaram no estudo, de acordo com o gráfico, 80% da amostra são empresas muito pequenas, que empregam até 10 trabalhadores, enquanto apenas 4% da amostra são empresas médias.

Tabela 5-4. Distribuição de frequências sobre o tipo de empresa

	Frequência	Percentagem	Percentagem válida	Percentagem acumulada
Cafetaria	6	12	12	12
Restaurante	2	4	4	16
Sapataria / vestuário	3	6	6	22
cadeias de lojas (fast food)	8	16	16	38
Outros	31	62	62	100
Total	50	100	100	

Figura 5-4. Distribuição de frequências sobre o tipo de negócio

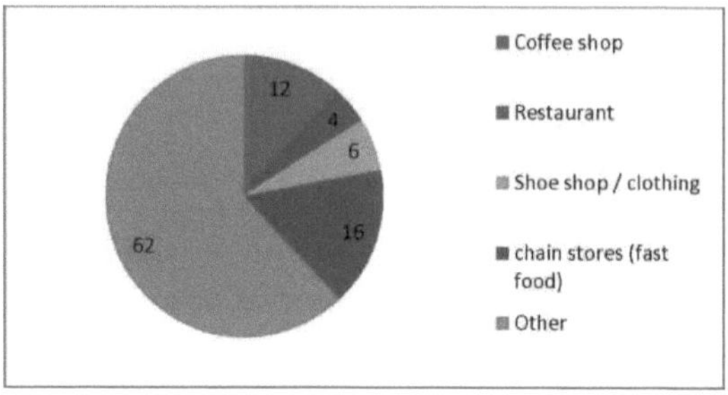

Relativamente ao tipo de empresas que participaram no estudo, de acordo com o gráfico, 62% da amostra são diferentes tipos de empresas. Posteriormente, 16% de toda a amostra são cadeias de lojas (fast food). 6 empresas, ou seja, 12% de toda a amostra, são cafés. Por último, três empresas, ou seja, 6% da amostra total, são lojas de vestuário e calçado. Apenas 2 empresas que exercem a sua atividade como restaurantes participaram no estudo, com 4% da amostra total.

Tabela 5-5. Distribuição de frequências sobre o rendimento anual da empresa

	Frequência	Percentagem	Percentagem válida	Percentagem acumulada
<15.000€	25	50	50	50
15.000-30.000€	21	42	42	92
>30.000€	4	8	8	100
Total	50	100	100	

Figura 5-5. Distribuição de frequências sobre o rendimento anual da empresa

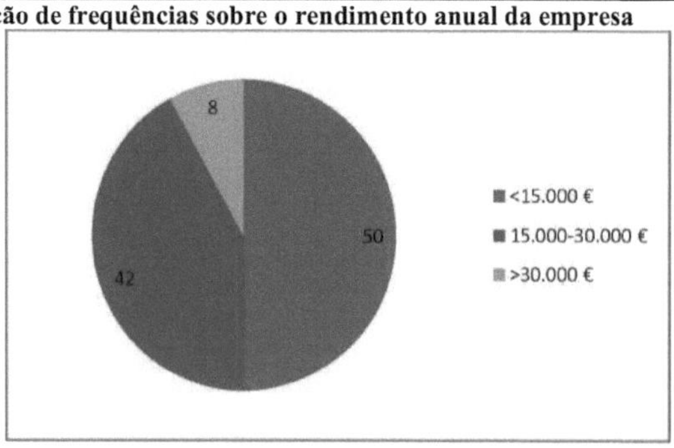

No que diz respeito ao rendimento anual da empresa, o gráfico acima mostra que a maioria (92%) da amostra total tem um rendimento anual até 30.000€, enquanto apenas 8% dos inquiridos tem um rendimento anual superior a 30.000€.

Tabela 5-6. Distribuição de frequências sobre o número de empregados

	Frequência	Percentagem	Percentagem válida	Percentagem acumulada
1	9	18	18	18
2	13	26	26	44
3	7	14	14	58
4	5	10	10	68
5	3	6	6	74
6	1	2	2	76
8	2	4	4	80
12	3	6	6	86
14	2	4	4	90
15	1	2	2	92
20	2	4	4	96
80	1	2	2	98
150	1	2	2	100
Total	50	100	100	
Média	**9,24**			

Figura 5-6. Histograma de frequências sobre o número de trabalhadores

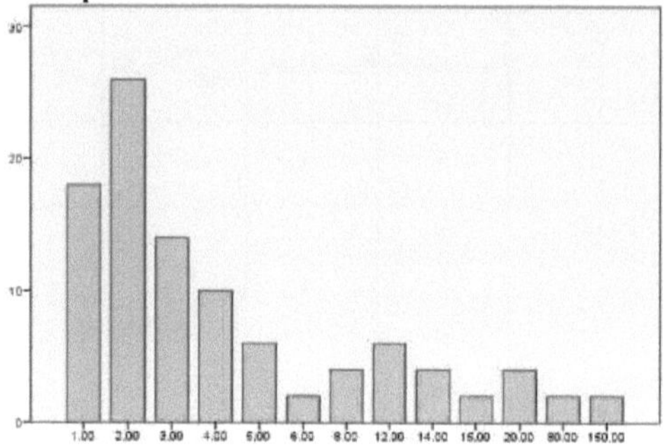

O número de empregados que trabalham nas empresas que participaram no estudo varia entre 1 e 150 pessoas. O número médio de trabalhadores é de 9,24. De acordo com a tabela acima, 58% das empresas empregam de 1 a 3 trabalhadores. Enquanto apenas 2% das empresas empregam 150 trabalhadores.

Tabela 5-7. Distribuição de frequências sobre o número de clientes servidos

	Frequência	Percentagem	Percentagem válida	Percentagem acumulada
25	1	2	2	2
30	2	4	4	6
35	1	2	2	8
40	5	10	10	18
45	1	2	2	20
50	3	6	6	26
60	3	6	6	32
65	1	2	2	34
80	4	8	8	42
100	8	16	16	58
120	2	4	4	62
150	5	10	10	72
160	1	2	2	74
200	3	6	6	80
250	2	4	4	84
260	1	2	2	86
300	3	6	6	92
400	1	2	2	94
450	1	2	2	96
600	1	2	2	98
1500	1	2	2	100
Total	50	100	100	
Média	164,8			

Figura 5-7. Histograma de frequências para o número de clientes servidos

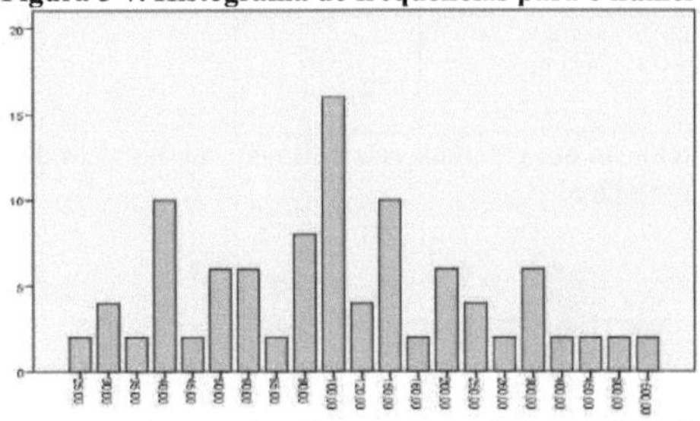

Quando questionadas sobre o número médio de clientes servidos diariamente, 26% das empresas afirmaram que servem entre 40 e 100 pessoas, enquanto 6% disseram que servem entre 450 e 1500 empregados.

Tabela 5-8. Distribuição de frequências sobre a informação dos empresários relativamente às questões ambientais

	Frequência	Percentagem	Percentagem válida	Percentagem acumulada
Um pouco	7	14	14	14
Suficiente	26	52	52	66
Um lote	16	32	32	98
Muito	1	2	2	100
Total	50	100	100	
Média	2,22			

Figura 5-8. Distribuição de frequências sobre a informação dos empresários sobre questões ambientais

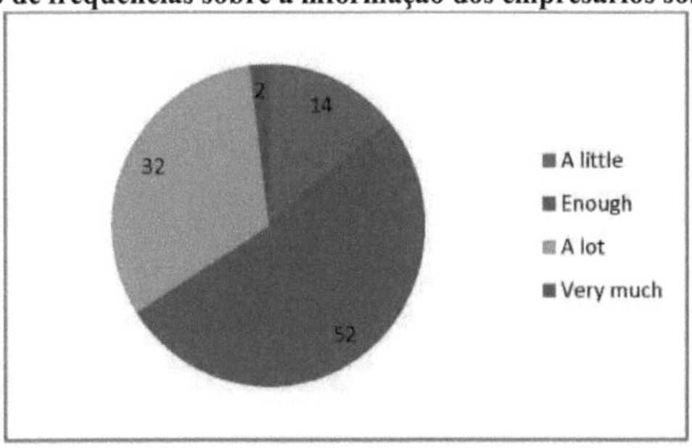

Pode observar-se que os inquiridos em maior percentagem estão moderadamente informados sobre questões ambientais (52%). É também de salientar que 32% dos inquiridos estão bem informados sobre as questões ambientais, enquanto apenas 2% estão muito bem informados.

Tabela 5-9. Distribuição de frequências sobre a satisfação dos cidadãos relativamente aos serviços de limpeza municipal.

	Frequência	Percentagem	Percentagem válida	Percentagem acumulada
Alguns	9	18	18	18
Médio	15	30	30	48

Um lote	21	42	42	90
Muito	5	10	10	100
Total	50	100	100	
Média	2,44			

Figura 5-9. Histograma de frequências sobre a satisfação dos cidadãos relativamente aos serviços de limpeza municipal

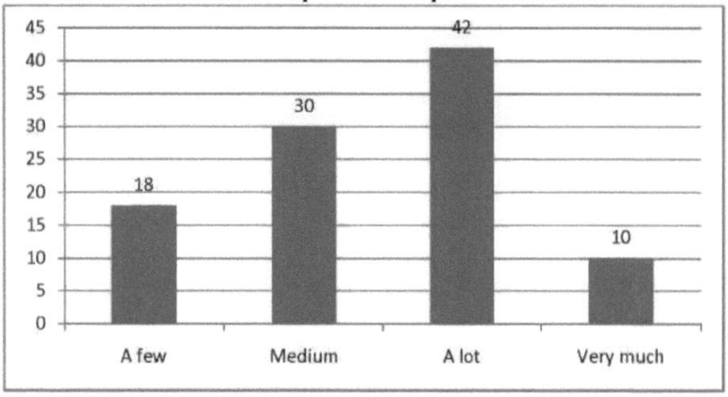

De acordo com o gráfico acima, pode observar-se que a maioria dos inquiridos (52%) está muito ou extremamente satisfeita com os serviços de limpeza do Município. Enquanto uma pequena percentagem (18%) dos inquiridos está pouco satisfeita com o município.

Tabela 5-10. Distribuição de frequências para a adequação do número de contentores de lixo

	Frequência	Percentagem	Percentagem válida	Percentagem acumulada
Não	7	14	14	14
Sim	43	86	86	100
Total	50	100	100	

Figura 5-10. Distribuição de frequências sobre a adequação do número de contentores de lixo

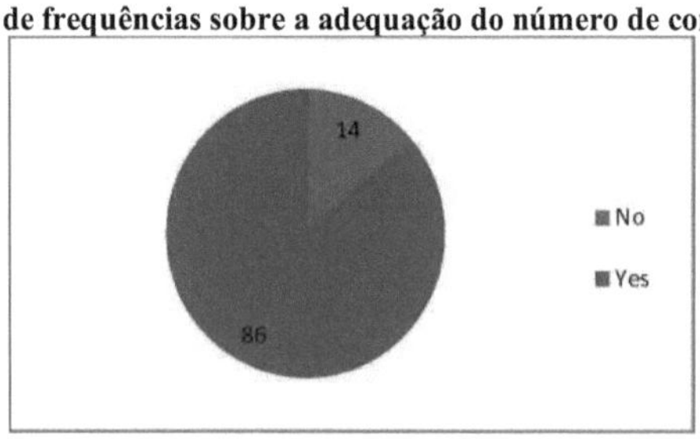

Ao estudar o gráfico acima, observa-se que a maior percentagem (86%) dos inquiridos considera que o número de contentores de lixo existentes no seu município é satisfatório, enquanto apenas 14% dos inquiridos pensam o contrário.

Tabela 5-11. Distribuição de frequências sobre a frequência da recolha de lixo pelos <u>camiões</u> de lixo <u>no</u> município

	Frequência	Percentagem	Percentagem válida	Percentagem acumulada
Todos os dias	49	98	98	98
De dois em dois dias	1	2	2	100
Total	50	100	100	

Figura 5-11. Histograma de frequências sobre a frequência da recolha de lixo _ pelos camiões do lixo camiões do lixo no município

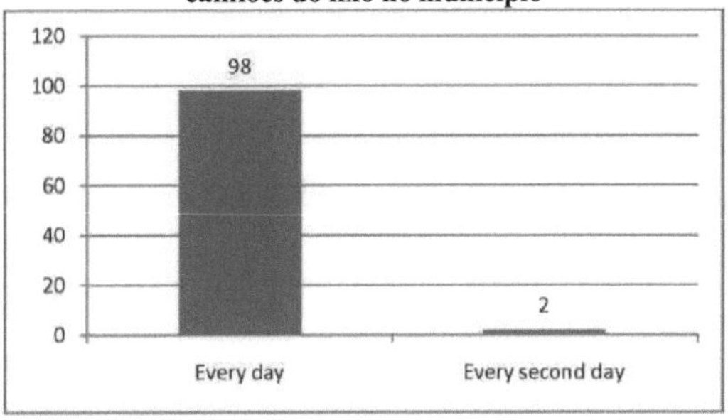

De acordo com o gráfico acima, a grande maioria dos inquiridos (98%) referiu que os resíduos são recolhidos diariamente pelos camiões do lixo do município.

Tabela 5-12. Distribuição de frequências para a existência de contentores especiais para reciclagem

	Frequência	Percentagem	Percentagem válida	Percentagem acumulada
Sim e é de cor azul	37	74	74	74
Sim e é de cor amarela	13	26	26	100
Total	50	100	100	

Figura 5-12. Distribuição de frequências sobre a existência de contentores de reciclagem especiais

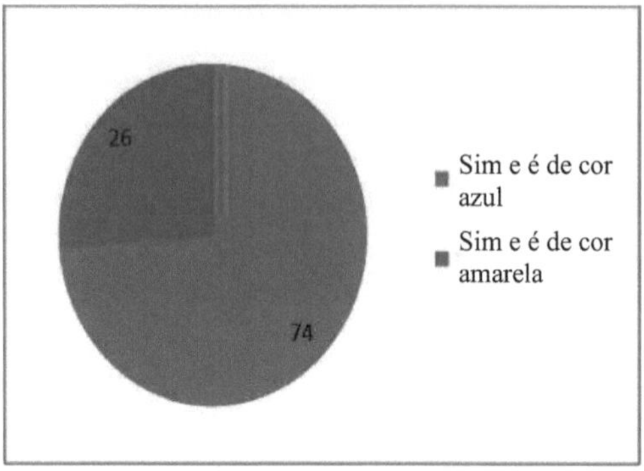

A partir do gráfico acima, observa-se que o município a que pertencem os inquiridos tem ecopontos. 74% dos inquiridos afirmam que existem ecopontos azuis, enquanto 26% afirmam que existem ecopontos amarelos.

Figura 5-13. Histograma de frequências sobre o conhecimento dos materiais que podem ser reciclados

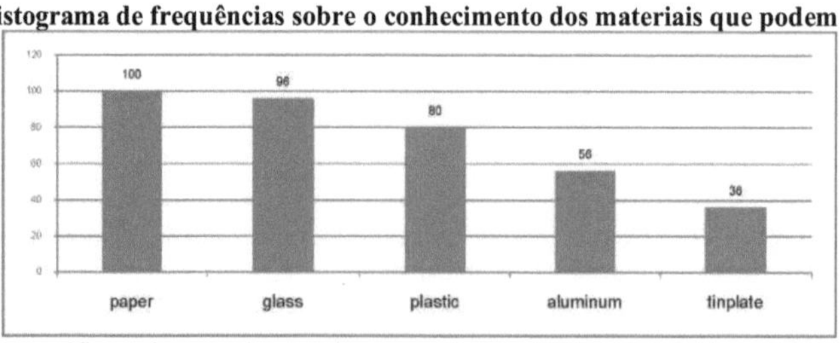

Estudando o gráfico acima, podemos observar que os inquiridos responderam que o material mais popular que se sabe ser reciclado é o papel (100%). Seguido do vidro (96%) e do plástico (80%). Enquanto apenas 36% dos inquiridos sabiam que a folha de Flandres pode ser reciclada.

Tabela 5-13. Distribuição de frequências sobre a implementação da reciclagem pela empresa

	Frequência	Percentagem	Percentagem válida	Percentagem acumulada
Sim	12	24	24	24
Não	38	76	76	100
Total	50	100	100	

Figura 5-14. Distribuição de frequências sobre a implementação da reciclagem pela empresa

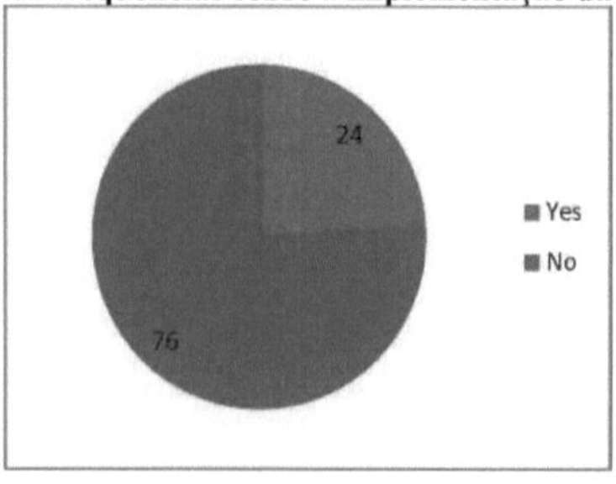

Observando o gráfico acima, podemos ver que a maior percentagem (76%) das empresas inquiridas não recicla os materiais que utiliza. Enquanto apenas 24% das empresas que participaram no estudo reciclam os materiais utilizados.

Figura 5-15: Histograma de frequências dos materiais reciclados pelas empresas que responderam sim à pergunta 15

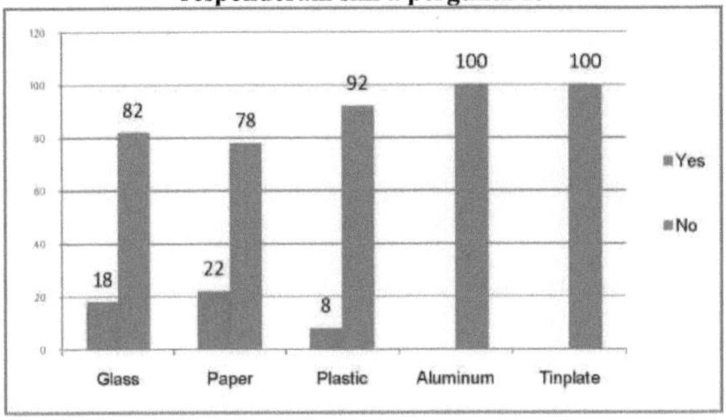

Analisando os quadros e o gráfico acima, verifica-se que o papel é o material mais frequentemente reciclado pelas empresas, com 22%. Segue-se o vidro, com 18%. O plástico tem uma percentagem menor (8%).

Figura 5-16: Histograma de frequências das razões pelas quais as empresas que responderam não à pergunta 15 não reciclam

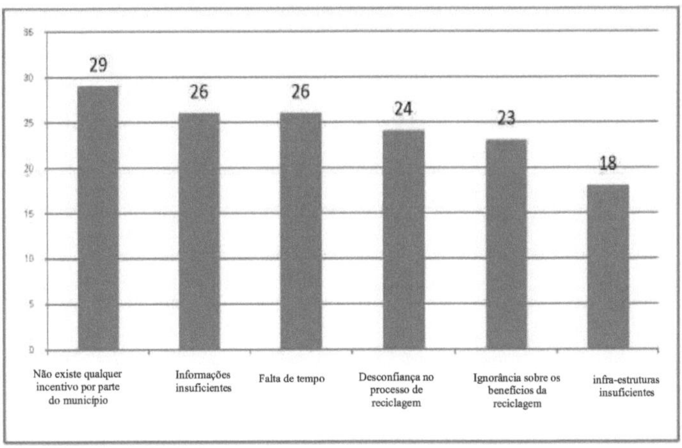

No gráfico acima, são apresentadas as razões pelas quais as empresas inquiridas não reciclam os materiais que utilizam. A partir do estudo do gráfico, observa-se que a principal razão pela qual as empresas não reciclam os materiais que utilizam é a falta de motivação por parte das autoridades locais. É igualmente importante mencionar que outras razões principais que levam as empresas inquiridas a não reciclar os materiais são a falta de tempo e a informação insuficiente.

Tabela 5-14. Distribuição de frequências para "Se o Município de Aigaleo lhe disponibilizasse gratuitamente contentores de reciclagem de papel no interior, participaria no programa de reciclagem?"

	Frequência	Percentagem	Percentagem válida	Percentagem acumulada
Sim	49	98	98	98

Não	1	2	2	100
Total	50	100	100	

Figura 5-17. Distribuição de frequências para "Se o Município de Aigaleo lhe disponibilizasse gratuitamente contentores de reciclagem de papel no interior, participaria no programa de reciclagem?"

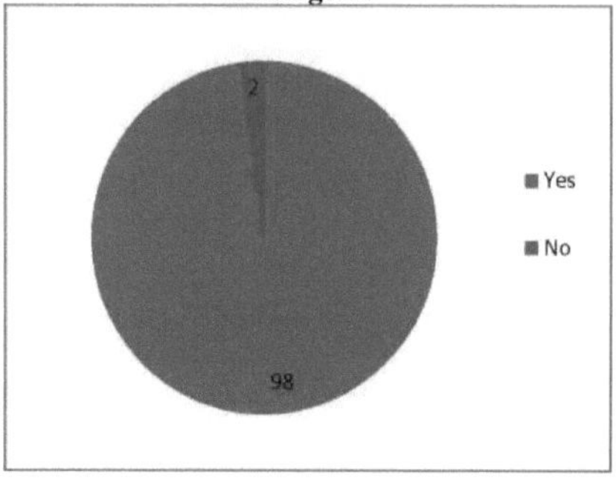

Relativamente à pergunta 18, conclui-se que a maioria dos inquiridos (98%) participaria num programa de reciclagem de papel se o município em que operam lhes disponibilizasse contentores de reciclagem interiores gratuitos.

Tabela 5-15. Distribuição de frequências para a quantidade de resíduos sólidos depositados nos contentores de reciclagem da sua empresa, em média, todos os dias?

	Frequência	Percentagem	Percentagem válida	Percentagem acumulada
1-2 sacos do lixo grandes	17	34	34	34
3-4 sacos do lixo grandes	20	40	40	74
4-5 sacos do lixo grandes	7	14	14	88
>5 sacos do lixo grandes	6	12	12	100
Total	50	100	100	
Média	1,04			

Figura 5-18. Distribuição de frequências para a quantidade de resíduos sólidos depositados nos contentores de reciclagem da sua empresa, em média, todos os dias?

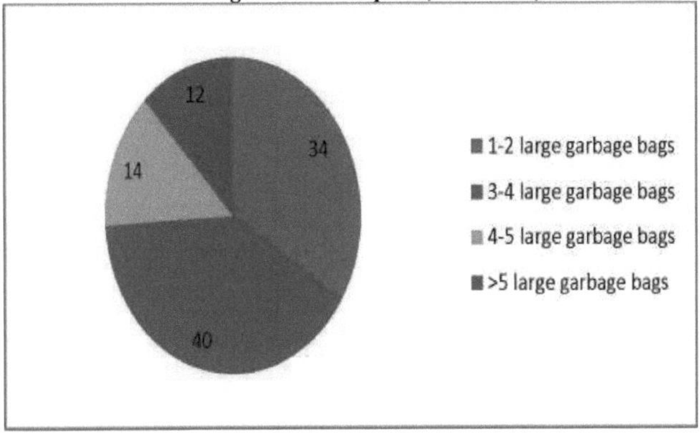

Em relação à quantidade de resíduos sólidos, de acordo com o gráfico acima, a maioria das empresas inquiridas indica que deposita 3-4 sacos de lixo grandes nos contentores todos os dias (40%). Outra percentagem significativa da amostra (34%) refere que deposita 1 a 2 sacos de lixo grandes nos contentores todos os dias. Apenas 12% das empresas inquiridas depositam mais de 5 sacos de lixo grandes nos caixotes todos os dias.

Tabela 5-16. Distribuição de frequências sobre as informações relativas ao modo de pagamento das taxas de limpeza

	Frequência	Percentagem	Percentagem válida	Percentagem acumulada
Através da fatura da empresa de abastecimento de água	22	44	44	44
Através da fatura da companhia de eletricidade	19	38	38	82
Não sei	9	18	18	100
Total	50	100	100	
Média				

Figura 5-19. Distribuição de frequências sobre a informação relativa ao modo de pagamento das taxas de limpeza

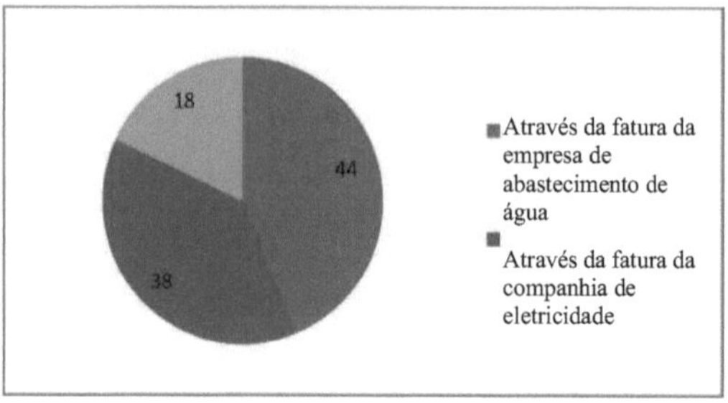

A partir do diagrama acima, observa-se que apenas 18% das amostras não sabem como são pagas as taxas de limpeza, enquanto 82% sabem. 44% dos inquiridos sabem que pagam as taxas de limpeza através da fatura da empresa de abastecimento de água, enquanto 38% da amostra sabe que as paga através das facturas de eletricidade.

Tabela 5-17. Distribuição de frequências para a satisfação com o processo de reciclagem do município

	Frequência	Percentagem	Percentagem válida	Percentagem acumulada
Um pouco	10	20	20	20
Moderado	14	28	28	48
Um lote	20	40	40	88
Muito	6	12	12	100
Total	50	100	100	
Média	2,44			

Figura 5-20. Histograma de frequências para a satisfação com o processo de reciclagem do município

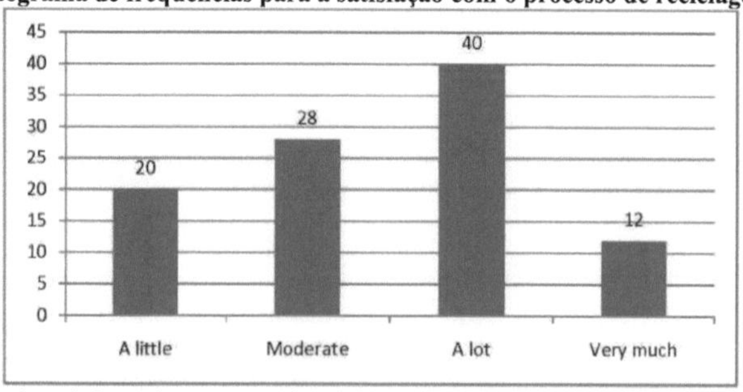

Em relação ao grau de satisfação das empresas inquiridas com o processo de reciclagem do município, 12% responderam demasiado, enquanto, pelo contrário, a maior percentagem, 40%, afirmou estar muito satisfeita. Além disso, 28% responderam que estão moderadamente satisfeitas, enquanto 20% disseram que estão um pouco satisfeitas com o processo de reciclagem.

Tabela 5-18. Distribuição de frequências para "Atualmente, a reciclagem tornou-se uma necessidade imperativa"

	Frequência	Percentagem	Percentagem válida	Percentagem acumulada

Não concordo nem discordo	3	6	6	6
Estou a concordar	8	16	16	22
Concordo plenamente	39	78	78	100
Total	50	100	100	
Média	3,7200			

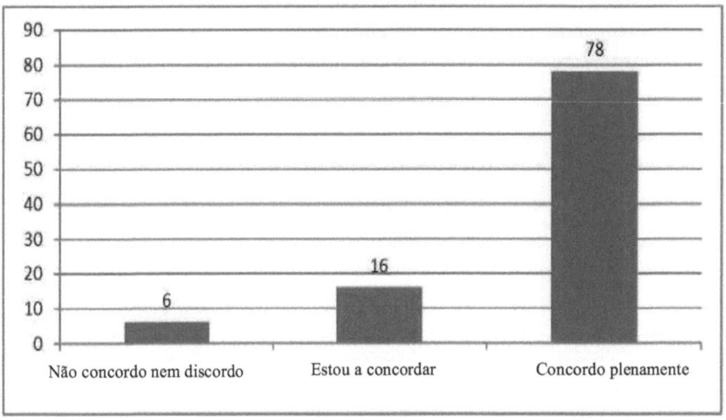

Figura 5-21. Histograma de frequências para "Atualmente, a reciclagem tornou-se uma necessidade imperativa"

Observando o gráfico acima, conclui-se que a maioria dos inquiridos (78%) concorda totalmente que a reciclagem se tornou, hoje em dia, uma necessidade imperativa. Enquanto apenas 6% das empresas inquiridas não concordam nem discordam deste ponto de vista.

Tabela 5-19. Distribuição de frequências sobre a opinião dos empresários relativamente à influência da materiais reciclados na saúde

	Frequência	Percentagem	Percentagem válida	Percentagem acumulada
Médio	1	2	2	2
Bom	25	50	50	52
Muito bom	24	48	48	100
Total	50	100	100	

Média	3,46			

Figura 5-22. Distribuição de frequências para a opinião dos empresários sobre a influência dos materiais reciclados na saúde

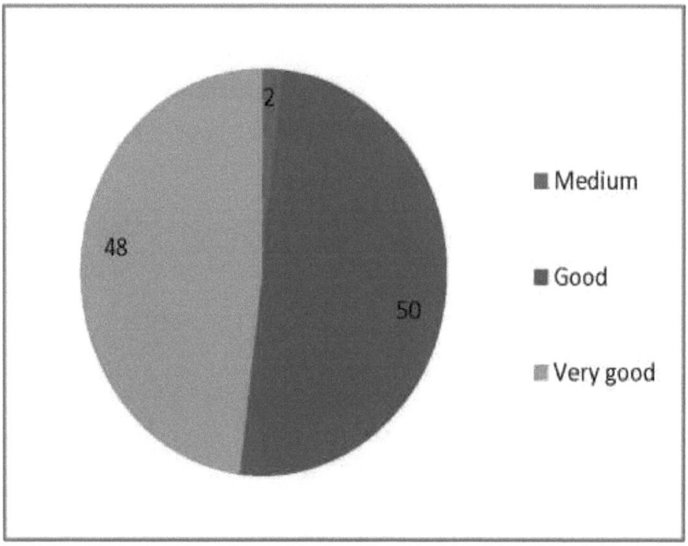

No que diz respeito à opinião dos inquiridos sobre a influência dos materiais reciclados na saúde, observa-se pelo gráfico acima que a maioria da amostra (98%) considera que é boa a muito boa. Enquanto apenas 2% consideram-na moderada.

Tabela 5-20. Distribuição de frequências sobre a forma como o público deve ser informado sobre os ecopontos especiais para papel

	Frequência	Percentagem	Percentagem válida	Percentagem acumulada
Anúncios ou folhetos informativos em jornais e revistas	20	40	40	40
Anúncio televisivo	7	14	14	54
Discursos de peritos de associações empresariais	23	46	46	100
Total	50	100	100	

Figura 5-23. Histograma de frequências sobre a forma como o público deve ser informado sobre os contentores especiais para reciclagem de papel

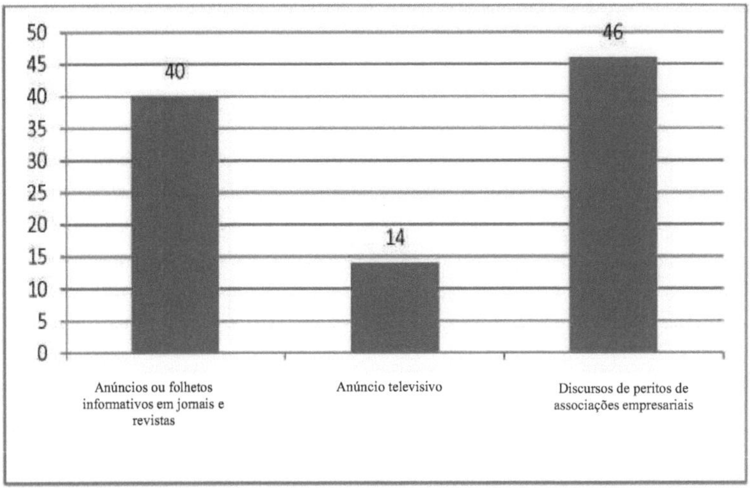

A partir do histograma acima, podemos observar que a maioria das empresas inquiridas (46%) indica que a sensibilização do público para a reciclagem de papel deve ser feita através de discursos de especialistas em associações empresariais. Outra percentagem significativa da amostra indica que a informação sobre a reciclagem de papel deve ser feita através de publicidade em revistas e jornais. Enquanto uma pequena percentagem dos inquiridos (14%) indica que a informação deve ser feita através de anúncios na televisão.

Intersecções de variáveis (tabulação cruzada) de empresas

Tabela 5-21. Tabulação cruzada 1. Género * A sua empresa recicla

			A sua empresa recicla?		Total
			Sim	Não	
Género	Feminino	Frequência	5	20	25
		% do género	20%	80%	100%
	Masculino	Frequência	7	18	25
		% do género	28%	72%	100%
Total		Frequência	12	38	50
		% do género	24%	76%	100%

Testes de qui-quadrado

	Valor	df	Asymp. Sig. (2 lados)	Sig. exato (2 lados)	Sig. exato (1 lado)
Qui-quadrado de Pearson	,439[a]	1	,508		
Correção de continuidadeb	,110	1	,741		

Rácio de verosimilhança Teste exato de Fisher	,440	1	,507	,742	,371
Linear por linear Associação	,430	1	,512		
N de casos válidos	50				

A intersecção das variáveis mostra que o género não tem um impacto significativo na implementação da reciclagem pelas empresas. A taxa de reciclagem aumenta ligeiramente (+ 8%) nas empresas em que o empresário é um homem. As mulheres empresárias aparecem em 80% a não implementar e em 20% a implementar a reciclagem. Também a análise estatística (Pearson) mostra que não existe correlação entre as variáveis (desde p> 0,05).

O resultado acima vem apoiar todas as conclusões de Do Valle et al., (2004), que indicam que o género em relação à reciclagem não está estatisticamente correlacionado de forma significativa, como foi estabelecido acima.

Tabela 5-22. Tabulação cruzada 2. Dimensão da empresa * A sua empresa recicla?

			A sua empresa recicla?		Total
			Sim	Não	
A dimensão da sua empresa é	Muito pequena (<10 trabalhadores)	Frequência	7	33	40
		% da dimensão da sua empresa é	17%	83%	100%
	Pequena (<50 trabalhadores)	Frequência	4	4	8
		% da dimensão da sua empresa é	50%	50%	100%
	Médio (<250 trabalhadores)	Frequência	1	1	2
		% da dimensão da sua empresa é	50%	50%	100%
Total		Frequência	12	38	50
		% da dimensão da sua empresa é	24%	76%	100%

Testes de qui-quadrado

	Valor	df	Asymp. Sig. (2 lados)
Qui-quadrado de Pearson	4,633[a]	2	,099
Rácio de verosimilhança	4,147	2	,126
Linear por linear Associação	3,986	1	,046
N de casos válidos	50		

As pequenas empresas parecem não implementar mais a reciclagem (83%) em comparação com as pequenas (50%) e médias (50%) empresas. No entanto, é de salientar que as pequenas empresas constituem a maioria da amostra (40 em 50), pelo que não é possível a fiabilidade estatística dos resultados do estudo.

Tabela 5-23. Tabulação cruzada 3. Dimensão da empresa * Que quantidade de resíduos sólidos é depositada, em média, nos contentores todos os dias pela sua empresa?

			Que quantidade de resíduos sólidos é depositada em média diariamente nos contentores pela sua empresa?				Total
			1-2 sacos do lixo grandes	3-4 sacos do lixo grandes	4-5 sacos do lixo grandes	>5 sacos do lixo grandes	
A dimensão da sua empresa é	Muito pequena (<10 trabalhadores)	Frequência	17	16	7	0	40
		% da dimensão da sua empresa é	43%	40%	17%	0%	100%
	Pequena (<50 empregados)	Frequência	0	4	0	4	8
		% da dimensão da sua empresa é	0%	50%	0%	50%	100%

	Médio(<250 trabalhadores)	Frequência	0	0	0	2	2
		% da dimensão da sua empresa é	0%	0%	0%	100%	100%
Total		Frequência	17	20	7	6	50
		% da dimensão da sua empresa é	34%	40%	14%	12%	100%

Testes de qui-quadrado

	Valor	df	Asymp. Sig. (2 lados)
Qui-quadrado de Pearson	34,333[a]	6	,000
Rácio de verosimilhança	32,394	6	,000
Linear por linear Associação	18,773	1	,000
N de casos válidos	50		

A dimensão da empresa parece estar relacionada ($p < 0,05$) com a quantidade de resíduos que é reciclada. A maioria das empresas muito pequenas (43%) produz 1 a 4 sacos de lixo grandes, enquanto as pequenas e médias empresas produzem mais de 5 sacos de lixo grandes.

Em conclusões semelhantes resulta também o estudo de Afroz et al., (2009), que afirma que a dimensão do agregado familiar tem um impacto positivo significativo na produção de resíduos domésticos. Este é um resultado esperado, uma vez que o aumento da dimensão do agregado familiar significa um maior consumo de produtos e, por conseguinte, leva ao aumento do lixo. Por conseguinte, o resultado acima é expetável, uma vez que quanto maior for a empresa, mais resíduos produz.

Tabela 5-24. Tabulação cruzada 4. Tipo de empresa * a sua empresa recicla?

Tipo de empresa * a sua empresa recicla? Tabulação cruzada					
			A sua empresa recicla?		Total
			Sim	Não	
Tipo de comercial	Cafetaria	Frequência	1	5	6
		% da sua atividade é	17%	83%	100%
	Restaurante	Frequência	1	1	2
		% e do seu negócio é	50%	50%	100%
	Loja de calçado/vestuário	Frequência	2	1	3
		% da sua atividade é	67%	33%	100%
	Cadeias de lojas (fast food)	Frequência	1	7	8
		% da sua atividade é	13 %	87 %	100%
	Outros	Frequência	7	24	31
		% da sua atividade é	23%	77%	100%
Total		Frequência	12	38	50
		% da sua atividade é	24%	76%	100%

Testes de qui-quadrado

	Valor	df	Asymp. Sig. (2 lados)
Qui-quadrado de Pearson	4,527[a]	4	,339
Rácio de verosimilhança	3,963	4	,411
Linear por linear Associação	,117	1	,732
N de casos válidos	50		

O tipo de empresa parece ser independente da tendência para implementar a reciclagem. Da correlação das variáveis parece não haver relação (p> 0,05) e também o facto de a maioria das empresas (31/50 ou 62%) parecer estar na categoria "outros" não permite conclusões estatisticamente responsáveis.

Tabela 5-25. Tabulação cruzada 5. Tipo de empresa * que quantidade de resíduos sólidos é depositada nos contentores, em média, todos os dias pela sua empresa?

			Que quantidade de resíduos sólidos é depositada nos contentores, em média, todos os dias pela sua empresa?				Total
			1-2 sacos do lixo grandes	3-4 sacos do lixo grandes	4-5 sacos do lixo grandes	>5 sacos do lixo grandes	
Tipo de atividade	Cafetaria	Frequência	1	3	0	2	6
		% a sua empresa é	17%	50%	0%	33%	100%
	Restaurante	Frequência	0	0	1	1	2
		% a sua empresa é	0%	0%	50%	50%	100%
	Loja de calçado/vestuário	Frequência	0	2	1	0	3

		% a sua empresa é	0%	67%	33%	0%	100%
	Cadeias de lojas (fast food)	Frequência	1	4	2	1	8
		% a sua empresa é	13%	50%	25%	12%	100%
	Outros	Frequência	15	11	3	2	31
		% a sua empresa é	48%	35%	10 %	7%	100%
Total		Frequência	17	20	7	6	50
		% a sua empresa é	34%	40%	14%	12%	100%

Testes de qui-quadrado

	Valor	df	Asymp. Sig. (2 lados)
Qui-quadrado de Pearson	17,483[a]	12	,132
Rácio de verosimilhança	18,616	12	,098
Associação linear por linear	7,092	1	,008
N de casos válidos	50		

O tipo de negócio não está relacionado com a quantidade de resíduos (p> 0,05). Os restaurantes parecem produzir mais de 4 sacos de lixo grandes, enquanto os cafés produzem até 4 sacos de lixo grandes.

Tabela 5-26. Tabulação cruzada 6. Lucros anuais da empresa * A sua empresa recicla?

			A sua empresa recicla?		Total
			Sim	Não	
Lucros anuais da empresa	<15.000 euros	Frequência	2	23	25
		% dos lucros anuais da empresa	8%	92%	100%
	15.000-30.000 euros	Frequência	8	13	21
		% dos lucros anuais da empresa	38%	62%	100%
	>30.000 euros	Frequência	2	2	4
		% dos lucros anuais da empresa	50%	50%	100%
Total		Frequência	12	38	50
		% dos lucros anuais da empresa	24%	76%	100%

Testes de qui-quadrado

	Valor	df	Asymp. Sig. (2 lados)
Qui-quadrado de Pearson	7,279[a]	2	,026
Rácio de verosimilhança	7,714	2	,021
Linear por linear Associação	6,763	1	,009
N de casos válidos	50		

O lucro anual da empresa está relacionado com a implementação da reciclagem pela empresa ($p < 0,05$). 92% das empresas com rendimentos inferiores a 15.000€ não implementam a reciclagem, em comparação com 62% das empresas com lucros entre 15.000 e 30.000€ e 50% das empresas com lucros superiores a 30.000€. Em contrapartida, apenas 8% das empresas com lucros inferiores a 15.000€ implementam a reciclagem, em comparação com 38% das empresas com lucros de 15.000-30.000€ e 50% das empresas com lucros superiores a 30.000€.

Os resultados específicos estão de acordo com as conclusões de vários estudos empíricos analisados anteriormente [Smallbone (2005), Jenkins et al., (2003), Martin et al., (2006), Afroz et al., (2009), Ojeda-Bentitez et al., (2003)], ou seja, que o rendimento está positivamente correlacionado com a reciclagem. Os consumidores/empresas que têm lucros mais elevados reciclam mais e mais frequentemente do que aqueles que têm lucros baixos.

Tabela 5-27. Tabulação cruzada 7. Lucro anual da empresa * Que quantidade de resíduos sólidos é depositada nos contentores, em média, todos os dias pela sua empresa?

			Que quantidade de resíduos sólidos é depositada nos contentores, em média, todos os dias pela sua empresa?				Total
			1-2 sacos do lixo grandes	3-4 sacos do lixo grandes	4-5 sacos do lixo grandes	>5 sacos do lixo grandes	
O lucro anual da sua empresa é	<15.000€	Frequência	13	7	5	0	25
		% de O lucro anual da sua empresa é de	52%	28%	20%	0%	100%
	15.000 30.000€	Frequência	4	12	2	3	21
		% de O lucro anual da sua empresa é de	19%	57%	10%	14%	100%
	>30.000€	Frequência	0	1	0	3	4
		% de O lucro anual da sua empresa é de	0%	25%	0%	75%	100%
Total		Frequência	17	20	7	6	50
		% do lucro anual da sua empresa é	34%	40%	14%	12%	100%

Testes de qui-quadrado

	Valor	df	Asymp. Sig. (2 lados)
Qui-quadrado de Pearson	25,616[a]	6	,000
Rácio de verosimilhança	23,106	6	,001
Linear por linear Associação	11,159	1	,001
N de casos válidos	50		

A quantidade de resíduos produzidos pelas empresas está totalmente relacionada t (p = 0,000) com os lucros anuais das empresas. A totalidade das empresas com lucros inferiores a 15.000€ produz até 5 sacos de lixo grandes. A maioria das empresas com lucros superiores a 30.000€ produz mais de 5 sacos de lixo grandes.

O resultado acima está de acordo com as conclusões de Afroz et al., (2009), que indicam que o lucro tem um impacto significativo na produção de resíduos, uma vez que aqueles que têm lucros mais elevados consomem maiores quantidades de produtos.

Tabela 5-28. Tabulação cruzada 8. Nível de informação (empresários) * A sua empresa reciclar

			A sua empresa recicla?		Total
			Sim	Não	
Nível de informação sobre questões ambientais	Um pouco	Frequência	2	5	7
		% de Nível de informação sobre questões ambientais	29%	71%	100%
	Médio	Frequência	5	21	26
		% de Nível de informação sobre questões ambientais	19%	81%	100%
	Um lote	Frequência	5	11	16

		% de Nível de informação sobre questões ambientais	31%	69%	100%
	Muito	Frequência	0	1	1
		% de Nível de informação sobre questões ambientais	0%	100%	100%
Total		Frequência	12	38	50
		% de Nível de informação sobre questões ambientais	24%	76%	100%

Testes de qui-quadrado

	Valor	df	Asymp. Sig. (2 faces)
Qui-quadrado de Pearson	1,181[a]	3	,757
Rácio de verosimilhança	1,401	3	,705
Linear por linear Associação	,028	1	,866
N de casos válidos	50		

O nível de informação sobre as questões ambientais não está relacionado com a tendência para a reciclagem das empresas (p> 0,05). É indicativo que os empresários que responderam que não estão informados sobre as questões ambientais, 29% deles responderam que as suas empresas reciclam, um facto que é ligeiramente inferior ao dos empresários que afirmaram estar muito informados sobre as questões ambientais e que implementam a reciclagem (31%).

O resultado acima contrasta com as conclusões dos estudos de [do Valle et al., (2004), Aljaradin et al., (2011), Afroz et al., (2009), que indicam que o conhecimento/nível de informação sobre questões ambientais aumenta as taxas de reciclagem.

Tabela 5-29. Tabulação cruzada 9. Nível de informação (empresários) * Que quantidade de resíduos sólidos é depositada nos contentores, em média, todos os dias pela sua empresa?

	Que quantidade de resíduos sólidos é depositada nos contentores, em média, todos os dias pela sua empresa?	Total

			1-2 sacos do lixo grandes	3-4 sacos do lixo grandes	4-5 sacos do lixo grandes	>5 sacos do lixo grandes	
Nível de informação sobre questões ambientais	Um pouco	Frequência	3	1	3	0	7
		% de Nível de informação sobre questões ambientais	43%	14%	43%	0%	100%
	Médio	Frequência	8	9	3	6	26
		% Nível de informação sobre questões ambientais	31%	35%	11%	23%	100%
	Um lote	Frequência	6	9	1	0	16
		% Nível de informação sobre questões ambientais	38%	56%	6%	0%	100%
	Muito	Frequência	0	1	0	0	1
		% Nível de informação sobre questões ambientais	0%	100%	0%	0%	100%
Total		Frequência	17	20	7	6	50
		% Nível de informação sobre questões ambientais	34%	40 %	14%	12%	100%

Testes de qui-quadrado

	Valor	df	Asymp. Sig. (2 lados)
Qui-quadrado de Pearson	14,582ª	9	,103
Rácio de verosimilhança	16,062	9	,066
Associação linear por linear	1,231	1	,267
N de casos válidos	50		

A quantidade de resíduos produzidos por uma empresa não está relacionada (p>0,05) com o nível de informação dos empresários sobre as questões ambientais.

5.3 Regressões para as empresas do município de Aigaleo

Como já foi referido, os estudos empíricos identificaram vários factores que influenciam a atitude dos consumidores em relação à reciclagem. Se tendem a reciclar, os consumidores são influenciados por vários factores, tais como os dados demográficos e económicos (sexo, idade, nível de educação, rendimento) [Smallbone (2005), Jenkins et al., (2003), Martin et al., (2006), Afroz et al., (2009), McDonald e Ball (1998), Kishino et al., (1998), Sidique et al, (2010), Straughan e Roberts (1999)], factores diretamente relacionados com a reciclagem, como o conhecimento dos materiais que são reciclados, a distância dos ecopontos, factores associados às atitudes dos consumidores em relação à reciclagem [Smallbone (2005), do Valle et al, (2004), McDonald e Ball (1998), Vicente e Reis (2007)] e factores relacionados com o comportamento ecológico do consumidor e que incluem a preocupação com o ambiente - opiniões, atitudes e comportamentos [Straughan e Roberts (1999), do Valle et al. (2004)].

I. Estimativa do modelo de regressão para a investigação dos factores que influenciam o comportamento das empresas de reciclagem do município de Aigaleo

Para investigar os factores que influenciam a atitude dos empresários de reciclar ou não, avaliou-se o método da equação de regressão logística de máxima verosimilhança. O modelo original com todas as variáveis não permitiu suavizar a investigação posterior. Assim, retirámos as variáveis que davam resultados que distorciam o modelo, ou seja, as questões 12, 18 e 19. A equação de regressão contabilística final utilizada para estimar, utilizando o método da máxima verosimilhança, os factores que afectam o comportamento de reciclagem dos operadores é a seguinte

$$\textit{Reciclar (q15)} = bo + b1\ sexo + b2\ idade + b3\ fator\ de\ rendimento + b4\ fator\ de\ dimensão + b5\ Indicador\_educação + b_6 q7 + b_7 q8 + b_8 q9 + b_9 q10 + b_{10} q11 + b_{11} q13 + b_{12} q20 + b_{13} q21 + si$$

Onde é que detalhamos:

Reciclar Q15: vai para a variável qualitativa dependente, que exprime a atitude das empresas em relação à reciclagem e assume o valor 1 quando as empresas reciclam e o valor 0 quando as empresas não reciclam.

Género: trata-se de uma variável qualitativa independente que reflecte o género dos empresários e assume os valores 1 e 0 para homem e mulher.

Idade: trata-se de uma variável quantitativa independente, que representa a idade dos empresários.

Income_dummy: trata-se de uma regressão que expressa o rendimento anual da empresa e assume o valor 0 quando < é de 15.000 €, e o valor 1 quando é superior a 15.000.

Size_dummy: trata-se de uma regressão que exprime a dimensão da empresa e assume o valor 0 quando é muito pequena (< 10 trabalhadores) e o valor 1 quando é pequena (< 50 trabalhadores), média (< 250 trabalhadores) ou grande (> 250 trabalhadores).

(E) Education_dummy: trata-se de regressão que expressa o nível de escolaridade do empresário e assume os valores 0 para escolaridade até o ensino médio e 1 para escolaridade AEI/Tei ou nível de pós-graduação/PhD.

Q7 Empregados: trata-se de uma variável quantitativa independente, que indica o número de empregados empregados pela empresa.

Q8: trata-se de uma variável quantitativa independente, que indica o número de clientes que a empresa serve num dia útil médio.

Q9: trata-se de uma variável quantitativa independente que exprime o grau de informação dos empresários relativamente às questões ambientais e assume o valor 0 quando está ausente, o valor 1 quando é pouco, o valor 2 se for moderado, 3 quando é longo e o valor 4 quando é demasiado.

Q10: vai para uma variável quantitativa independente que exprime o grau de satisfação dos empresários com os serviços de limpeza do município e toma o valor 0 quando é inexistente, o valor 1 quando é pouco, o valor 2 se é moderado, 3 quando é longo e o valor 4 quando é demasiado.

Q11: uma variável qualitativa independente que exprime a opinião dos empresários sobre se os caixotes do lixo são satisfatórios e assume o valor de 1 quando é Sim e 0 quando não é.

Q13: trata-se de uma variável independente qualitativa que exprime o conhecimento dos empresários sobre se o município dispõe de ecopontos e assume o valor 0 quando dizem que sim e é de cor azul, o valor 1 quando referem que sim e é de cor amarela e o valor 2 quando referem que não, dispõe de ecopontos.

Q20: esta é uma variável independente qualitativa que exprime o conhecimento dos empresários sobre a forma como pagaram as taxas de limpeza e assume o valor 0 quando a declaração é feita através da conta SEWAGE, o valor 1 quando a declaração é feita através da conta OTE, o valor 2 quando a declaração é feita através da conta PPC e o valor 3 quando é mencionada a menção Não sei.

Q21: trata-se de uma variável independente quantitativa que exprime o grau de satisfação dos empresários com o processo de reciclagem do município e assume o valor 0 quando não referem nada, o valor 1 quando referem um pouco, o valor 2 quando referem moderadamente, o valor 3 quando referem muito e o valor 4 quando referem também. ***si:*** erros de regressão

Tabela 5-30. Estimativa da regressão que contabiliza a aplicação ou não da reciclagem pelas empresas

	Modelo inicial		**Modelo final**	
Variáveis	B	Wald	B	Wald
Fixo (a sua empresa de reciclagem) recicla	-9.631 * *	4,609	3,119 * *	3,569
sexo	-. 296	.088		
idade	.079	1,489		
Rendimento (fator de correção do rendimento)	3,221 * *	4.174	2,926 * * *	7.011
Tamanho (tamanho_dummy)	1.801	1,712		
Nível de educação (education_dummy)	.622	.296		

Trabalhadores(q7)	.045	.538		
Quantos clientes atende em média por dia? (q8)	-. 005	.484		
Qual o seu grau de informação sobre questões ambientais (q9)	1.985 *	3,085	1,239	2.263
Qual é o seu grau de satisfação com a limpeza dos seus serviços? (q10)	-2.388 * *	4.899	-1,124 * *	2,891
Na sua opinião, que número de caixotes do lixo é satisfatório? (q11)	910.	266.		
O seu município possui algum contentor de reciclagem? (q13)	-. 327	.085		
Sabe quanto é que lhe é cobrado de despesas de limpeza? (q20)	.570	1,674		
Qual é o seu grau de satisfação com o processo de reciclagem do seu município? (q21)	1,010	2.150		
(qui-quadrado)	19,025		11,149	
coxx & snell R square	316		200.	
2 rácio de verosimilhança logarítmica	36,083		43.959	

*** Nível de significância de 1%
** Nível de significância de 5%
* Nível de significância de 10%

Dos factores demográficos examinados no modelo original, apenas o rendimento parece ser um fator estatisticamente significativo nas atitudes das empresas em relação à reciclagem. Mais especificamente, o sexo, a idade, a dimensão e o nível de educação não interpretam de forma estatisticamente significativa a atitude dos empresários face à reciclagem.

O número de trabalhadores empregados na empresa e o número de clientes servidos pela empresa não são determinantes estatisticamente significativos das atitudes das empresas em relação à reciclagem.

Além disso, os conhecimentos dos empresários sobre questões ambientais parecem não afetar a sua atitude em relação à reciclagem. Uma conclusão semelhante com esta termina com a investigação de do Valle et al., (2004), que afirma que a capacidade perceptiva na resolução de questões ambientais não é um determinante importante do comportamento em relação à reciclagem.

Os factores não estatisticamente significativos são também a reciclagem, o nível de satisfação dos comerciantes em relação aos serviços de limpeza do município, o seu conhecimento sobre se o município tem contentores de reciclagem especiais activos, se os contentores de reciclagem são suficientes e o grau de satisfação com o processo de reciclagem do município.

O modelo final da equação estimada dos factores determinantes do comportamento de reciclagem das empresas do município de Aigaleo é o seguinte

Reciclar (q15) = bo + 2,926 fator de rendimento -1,124 q10+ si

O rendimento é um fator determinante estatisticamente significativo para a conduta das empresas ao nível de 1% na reciclagem. O sinal positivo do coeficiente estimado indica que as empresas com rendimentos mais elevados são mais susceptíveis de reciclar em relação às empresas com baixos rendimentos. Este resultado confirma as investigações de [Smallbone (2005), Jenkins et al., (2003), Martin et al., (2006), Afroz et al., (2009), Ojeda-Bentitez et al., (2003)], que indicam que o rendimento é uma variável explicativa importante e está positivamente correlacionado com a reciclagem.

O nível de satisfação dos empresários com os serviços de limpeza do município é um fator determinante estatisticamente significativo da sua atitude em relação à reciclagem, ao nível de 5%. O sinal negativo do coeficiente estimado indica que os empresários que não estão satisfeitos com os serviços de limpeza do município são mais propensos a reciclar em relação aos empresários que estão satisfeitos. Este resultado está de acordo com a investigação de do Valle et al., (2004), que indicam que o nível de satisfação relativamente aos serviços de reciclagem está associado ao comportamento de reciclagem.

De acordo com o coeficiente de determinação, R2, Coxx & Shell da tabela 1, as variáveis independentes consideradas no modelo original interpretam 31,6% da variável dependente. Para além disso, a variável independente estatisticamente significativa no modelo original, revista no modelo final, interpreta 20% da variável dependente (de acordo com o coeficiente de determinação R2, Coxx & Shell).

Em conclusão, conclui-se do que precede que o rendimento das empresas é um fator estatisticamente conclusivo e está positivamente correlacionado com a reciclagem; as empresas com rendimentos mais elevados têm maior probabilidade de reciclar do que as empresas com baixos rendimentos. Além disso, parece que os empresários que não estão satisfeitos com os serviços de limpeza do município têm mais probabilidades de reciclar do que os empresários que estão satisfeitos.

II. Modelo de regressão linear múltipla Estimativa para a investigação dos factores que afectam a quantidade de resíduos que vão parar aos caixotes do lixo

Para investigar os factores que influenciam a quantidade de resíduos que vai parar aos caixotes do lixo das empresas, avaliou-se, pelo método dos mínimos quadrados, a seguinte equação de regressão linear múltipla.

$$\textit{Volume de resíduos } (q19) = bo + b1\ \textit{género} + b2\ \textit{idade} + b3\ \textit{Indicador\_de\_educação} + b4\ \textit{dimensão\_dummy} + b_5\ \textit{rendimento\_dummy} + b_6 q7 + b_7 q8 + b_8 q9 + b_9 q10 + b_{10} q11 + b_{11} q12 + b_{12} 13 + b_{13} q14.1 + b_{14} q14.2 + b_{15} q14.3 + b_{16} q14.4 + b_{17} q14.5 + b_{18} q15 + b_{19} q18 + b20q20 + b_{21} q21 + si$$

Assim, temos pormenores:

Volume de resíduos (q19): é a variável dependente que exprime quantitativamente a quantidade de resíduos sólidos que vão parar aos caixotes do lixo convencionais todos os dias.

Assumir os valores 0 para 1-2 sacos de lixo grandes, 1 para 3-4 sacos de lixo grandes, o valor 2 para 4-5 sacos de lixo grandes e 3 > 5 sacos de lixo grandes.

Género: trata-se de uma variável qualitativa independente que reflecte o género dos empresários e assume os valores 1 e 0 para homem e mulher.

Idade: trata-se de uma variável quantitativa independente, que representa a idade dos empresários.

Income_dummy: trata-se de uma regressão que expressa o rendimento anual da empresa e assume o valor 0 quando < é de 15.000€, e o valor 1 quando é superior a 15.000.

Size_dummy: é uma regressão que expressa o tamanho da empresa e assume o valor 0 quando é muito pequena (< 10 empregados), e o valor 1 quando é pequena (< 50 empregados), média (< 250 empregados) ou grande (> 250 empregados).

(E) Education_dummy: trata-se de regressão que expressa o nível de escolaridade do empresário e assume os valores 0 para escolaridade até o ensino médio e 1 para escolaridade AEI/Tei ou nível de pós-graduação/PhD.

Q7 Empregados: trata-se de uma variável quantitativa independente, que indica o número de empregados empregados pela empresa.

Q8: trata-se de uma variável quantitativa independente, que indica o número de clientes que a empresa serve num dia útil médio.

Q9: trata-se de uma variável quantitativa independente que exprime o grau de informação dos empresários relativamente às questões ambientais e assume o valor 0 quando está ausente, o valor 1 quando é pouco, o valor 2 se for moderado, 3 quando é longo e o valor 4 quando é demasiado.

Q10: vai para uma variável quantitativa independente que exprime o grau de satisfação dos empresários com os serviços de limpeza do município e toma o valor 0 quando é inexistente, o valor 1 quando é pouco, o valor 2 se é moderado, 3 quando é longo e o valor 4 quando é demasiado.

Q11: uma variável qualitativa independente que exprime a opinião dos empresários sobre se os caixotes do lixo são satisfatórios e assume o valor de 1 quando é Sim e 0 quando não é.

Q12: vai para uma variável independente quantitativa que expressa o conhecimento dos empresários quando os camiões do lixo do município recolhem o lixo e toma o valor 0 quando é todos os dias, um valor de 1 quando

é cada 2 ou dia 2 quando é cada 3 ou dia e 3 quando não sabe.
Q13: trata-se de uma variável independente qualitativa que exprime o conhecimento dos empresários sobre se o município dispõe de ecopontos e assume o valor 0 quando dizem que sim e é de cor azul, o valor 1 quando referem que sim e é de cor amarela e o valor 2 quando referem que não, dispõe de ecopontos.
Q14.1: variável qualitativa independente que exprime o conhecimento dos empresários sobre se sabem que o vidro é reciclado e obtém o valor 1 quando dizem Sim e 0 quando dizem Não.
Q14.2: Variável qualitativa independente que exprime o conhecimento dos empresários sobre se sabem que o papel é reciclado e obtém o valor 1 quando dizem Sim e 0 quando dizem Não.
Q14.3: variável qualitativa independente que exprime o conhecimento dos empresários sobre se sabem que o alumínio é reciclado e obtém o valor 1 quando dizem Sim e 0 quando dizem Não.
Q14.4: vai para uma variável qualitativa independente que exprime o conhecimento dos empresários se sabem que o plástico é reciclado e obtém o valor 1 quando dizem Sim e 0 quando dizem Não.
Q14.5: variável qualitativa independente que exprime o conhecimento dos empresários sobre se sabem que a embalagem de folha de Flandres é reciclada e obtém o valor 1 quando dizem Sim e 0 quando dizem Não.
Q18: esta é uma variável independente qualitativa que acolhe a proposta dos cidadãos *Se der ao município de Aigaleo contentores de reciclagem de papel interiores gratuitos, participará no programa de reciclagem* e obtém o valor 1 quando diz Sim e 0 quando diz Não.
Q20: esta é uma variável independente qualitativa que exprime o conhecimento dos empresários sobre a forma como pagaram as taxas de limpeza e assume o valor 0 quando a declaração é feita através da conta SEWAGE, o valor 1 quando a declaração é feita através da conta OTE, o valor 2 quando a declaração é feita através da conta PPC e o valor 3 quando é mencionada a menção Não sei.
Q21: trata-se de uma variável independente quantitativa que exprime o grau de satisfação dos empresários com o processo de reciclagem do município e assume o valor 0 quando não referem nada, o valor 1 quando referem um pouco, o valor 2 quando referem moderadamente, 3 quando referem muito e o valor 4 quando referem também.
si: erros de regressão

Na segunda coluna da tabela seguinte apresentam-se os resultados da avaliação da equação acima para o total das variáveis interpretativas. As variáveis não estatisticamente significativas foram retiradas do modelo inicial e os resultados do modelo final são apresentados na terceira coluna da tabela.

Tabela 5-31. Estimativa de regressão linear múltipla para investigar os factores que afectam a quantidade de resíduos que vão parar aos caixotes do lixo

Variáveis	**Modelo inicial**		**Modelo final**	
	B	t	B	t
(Constante)	-2.489	-1,539	-1.831	-1.626
Sexo	-. 217	-. 814		
Idade	0.0401 * *	2,193	0.0245 * *	1,915
edu_dummy	328.	1,221		
tamanho fictício	0.7601 * *	1,973	1,185 * * *	4.527
rendimento_dummy	-. 011	-. 037		
Quantas pessoas emprega na sua empresa?	-. 016	-. 812		

Quantos clientes atende em média por dia?	003	1,524		
Qual é o seu nível de informação sobre questões ambientais?	-237	-1,054		
Qual é o seu grau de satisfação relativamente à limpeza dos vossos serviços?	-. 037	-189		
Na sua opinião, o número de caixotes do lixo é satisfatório?	-169	-447		
Com que frequência é que os camiões do lixo da cidade recolhem o lixo na zona?	126	115.		
O seu município possui contentores de reciclagem?	180.	.673		
Sabe que materiais são reciclados? (Vidro)	188	h.263		
Sabe que materiais são reciclados? (Alumínio)	-. 415	-1,031		
Sabe que materiais são reciclados? (Plástico)	.237	.633		
Sabe que materiais são reciclados? (embalagens de folha de Flandres)	0.968 * *	2,638	0.711 * * *	3,169
A sua empresa recicla?	-. 346	-1,078		
Se derem ao município de Aigaleo contentores de reciclagem de papel interiores gratuitos, participarão no programa de reciclagem?	1.791 * *	2,019	1,638 * *	2,055
Sabe como paga as taxas de limpeza?	-0.203 * *	-1.918	-0.1774 * *	-2,113
Qual é o seu grau de satisfação com o processo de reciclagem do seu município?	.042	.246		
Estatística F	3.504 * * *		10,174 * * *	
Praça R	707.		536.	
R quadrado (adj)	.505		.484	

*** Nível de significância de 1%
** Nível de significância de 5%
*10% de nível de significância

A partir da tabela acima, pode observar-se que o género, o nível de educação, o rendimento, o número de funcionários empregados na empresa e o número de clientes servidos pela empresa não são determinantes estatisticamente significativos de influência na quantidade de resíduos que acabam nos caixotes do lixo da empresa. Em contrapartida, de acordo com Abbott et al. (2011), a frequência da recolha de lixo é um fator que ajuda a gerir a taxa de reciclagem.

A variável explicativa não estatisticamente significativa na quantidade de resíduos que vai parar aos caixotes do lixo é a informação dos empresários sobre questões ambientais.

Além disso, o nível de satisfação dos comerciantes em relação aos serviços sociais ou à atividade pública do município, sobre se o número de caixotes do lixo é satisfatório, o conhecimento dos empresários sobre se o município dispõe de caixotes de reciclagem e o grau de satisfação em relação ao processo de reciclagem do município não interpreta a quantidade de resíduos que vai parar aos caixotes do lixo para qualquer nível de significância estatística.

Por último, o facto de os empresários saberem se o vidro, o plástico e o alumínio são reciclados não é uma variável explicativa estatisticamente significativa para a quantidade de lixo que vai parar aos caixotes do lixo.

De acordo com o modelo final, a equação estimada dos factores determinantes da quantidade de lixo que vai parar aos caixotes do lixo é a seguinte

$$\text{Volume de resíduos } (q19) = b_o + 0{,}0245\ \text{idade} + 1{,}185\ \text{dimensão\_dummy} + 0{,}711\ q14.5 + 1{,}638\ q18 - 0{,}1774 q20 + si$$

A idade dos empresários é um determinante estatisticamente significativo do volume de resíduos que vai parar ao lixo, ao nível de 5%. O sinal de mais indica que os empresários mais velhos são mais propensos a conduzir uma maior quantidade de resíduos em baldes em relação aos empresários mais jovens.

A dimensão da empresa afecta positivamente a quantidade de resíduos que acaba nos baldes e o coeficiente estimado é estatisticamente significativo ao nível de 1%. O sinal de mais indica que as grandes empresas têm maior probabilidade de levar a maiores quantidades de contentores de lixo em relação às pequenas empresas.

O conhecimento dos empresários de que as embalagens de folha de Flandres são recicladas é um determinante estatisticamente significativo do volume de resíduos que vai parar aos contentores, ao nível de 1%. O sinal positivo do coeficiente estimado sugere que os empresários que sabem que as embalagens de folha de Flandres são recicladas têm maior probabilidade de conduzir mais quantidades de resíduos para os contentores do lixo em relação às empresas que não o sabem.

A concordância dos empresários com a proposta *Se derem ao município de Aigaleo contentores de reciclagem de papel interiores gratuitos participarão no programa de reciclagem* é estatisticamente significativa, contribuindo para a interpretação da quantidade de resíduos transportados em baldes ao nível de 5%. O sinal positivo do coeficiente estimado sugere que os empresários que concordam com a proposta levam mais quantidade de resíduos em baldes em relação aos empresários que discordam.

Por fim, o conhecimento dos empresários sobre a forma como pagaram as taxas de limpeza é estatisticamente significativo como determinante do volume de resíduos que são depositados nos contentores do lixo ao nível de 5%. O sinal negativo do coeficiente estimado sugere que os empresários que sabem como pagaram as taxas de limpeza são mais propensos a conduzir menores quantidades de resíduos em baldes em relação àqueles que não sabem.

Estudando a tabela 2 acima, de acordo com o coeficiente de determinação R quadrado as variáveis independentes consideradas no modelo original interpretam os 70,7% da variável dependente. Para além disso, as variáveis independentes estatisticamente significativas no modelo original, revistas no modelo final, interpretam 53,6% da variável dependente de acordo com o coeficiente de determinação R quadrado.

Concluindo, conclui-se do que precede que os empresários mais velhos têm mais probabilidades de colocar uma maior quantidade de resíduos em baldes do que os empresários mais jovens. Além disso, parece que as grandes empresas são mais susceptíveis de conduzir a maiores quantidades de caixotes do lixo em relação às pequenas empresas. Para além disso, os empresários que sabem que as embalagens de folha de Flandres são recicladas têm mais probabilidades de colocar mais resíduos nos caixotes do lixo do que os consumidores que não o sabem. Então, mais caixotes do lixo estão a liderar os empresários que concordam com a proposta *Se der ao município de Aigaleo caixotes de reciclagem de papel interiores gratuitos vai participar no programa de reciclagem.* Finalmente, os resultados sugerem que os empresários que sabem como pagar taxas de limpeza são mais propensos a conduzir menores quantidades de resíduos em baldes em relação àqueles que não sabem.

CONCLUSÕES

Este capítulo apresenta as principais conclusões da análise empírica, bem como as conclusões relativas às hipóteses de investigação do estudo e as conclusões mais gerais do inquérito.

6.1 Principais conclusões da análise empírica.

A análise do comportamento dos consumidores em relação à reciclagem mostrou que a maioria (61%) dos cidadãos implementa a reciclagem através do uso de baldes azuis. Os materiais reciclados pelos residentes através do sistema de baldes azuis são o papel, o plástico, o vidro, o alumínio e as embalagens de folha de Flandres. Além disso, observa-se que a maioria dos cidadãos (72%) que implementam a reciclagem através dos contentores azuis fá-lo raramente (35%) ou às vezes (37%). A quantidade de resíduos que reciclam é sobretudo moderada (algumas quantidades de 35%). Além disso, verificou-se que uma percentagem relativamente elevada da amostra de cidadãos (41%) não recicla devido à ausência de contentores no seu bairro.

Em comparação com os motivos que levam os cidadãos a reciclar, a motivação financeira revelou-se um fator importante.

No que diz respeito à reciclagem de papel, parece que uma percentagem significativa de cidadãos (82%) concorda com a colocação de um contentor de reciclagem de papel e é positiva quanto à perspetiva de reciclagem de papel num contentor especial.

Em relação aos dados demográficos, verificou-se que o rendimento é um fator estatisticamente significativo da reciclagem e da frequência com que é aplicada. Este resultado está parcialmente de acordo com os resultados de outros estudos relativos ao aparecimento do rendimento como um fator determinante da reciclagem. No entanto, a maioria dos estudos inquiridos [Smallbone (2005), Jenkins et al., (2003), Martin et al., (2006), Afroz et al., (2009), Ojeda-Benitez et al, (2003)] indicam que o rendimento está positivamente correlacionado com a reciclagem, ou seja, os consumidores com rendimentos mais elevados são mais susceptíveis de reciclar do que os consumidores com rendimentos mais baixos, o que é contrário aos resultados da regressão logística do presente estudo, que mostrou que os cidadãos de Aigaleo com rendimentos mais baixos são mais susceptíveis de reciclar do que os cidadãos com rendimentos mais elevados.

O nível de sensibilização dos cidadãos para as questões ambientais e o seu conhecimento sobre a utilização dos contentores azuis do lixo são determinantes estatisticamente significativos da reciclagem. Os residentes que têm um nível mais elevado de sensibilização para as questões ambientais e conhecem a utilização dos contentores de reciclagem azuis têm maior probabilidade de reciclar do que os cidadãos que têm um nível mais baixo de sensibilização para as questões ambientais e não conhecem a utilização dos contentores azuis. São também semelhantes as conclusões dos estudos de [Jenkins et al., (2003), do Valle et al., (2004), Aljaradin et al., (2011), Hansmann et al., (2006)]

O incitamento dos cidadãos para com a sua família e o seu ambiente amigável, de modo a participarem na reciclagem, e a sua concordância com a proposta de que, se os cidadãos conscientes fossem recompensados, com um alívio financeiro dos impostos municipais, levariam a uma participação mais ativa na reciclagem, são determinantes estatisticamente significativos da reciclagem. Os cidadãos que reciclam são mais susceptíveis de incentivar positivamente a sua família e amigos a participarem na reciclagem, ao contrário dos cidadãos que não reciclam. Além disso, os cidadãos que concordam com a proposta acima referida têm mais probabilidades de reciclar do que os que discordam. São também semelhantes as conclusões dos estudos de Vicente e Reis (2007) e Yau (2010).

Outros factores que afectam a densidade da reciclagem pelos cidadãos são a sua participação em programas voluntários e a sua atitude em relação à reciclagem do alumínio.

A análise do comportamento das empresas em relação à reciclagem revelou que a maior percentagem (76%) das empresas inquiridas não recicla os materiais que utiliza, enquanto apenas 24% das empresas que participaram no estudo reciclam os materiais que utilizam. O material mais frequentemente reciclado pelas empresas, com uma percentagem de 22%, é o papel, seguido do vidro, com 18%, enquanto o plástico detém uma percentagem menor (8%).

As conclusões do estudo também apresentam as razões pelas quais as empresas inquiridas não reciclam os materiais que utilizam. A principal razão pela qual as empresas não reciclam os materiais que utilizam é a falta de motivação por parte das autoridades locais. É igualmente importante mencionar que outras razões principais que levam as empresas inquiridas a não reciclar os materiais são a falta de tempo e a informação insuficiente. É certo que a maioria da amostra (98%) participaria num programa de reciclagem de papel se o seu município disponibilizasse contentores de reciclagem interiores gratuitos. Além disso, 40% dos inquiridos estão muito satisfeitos com o processo de reciclagem do município em que operam.

Em relação aos dados demográficos, o rendimento revelou-se um fator determinante estatisticamente significativo para a atitude das empresas em relação à reciclagem: as empresas com rendimentos mais elevados têm maior probabilidade de reciclar do que as empresas com rendimentos mais baixos. Esta conclusão confirma os estudos de [Smallbone (2005), Jenkins et al., (2003), Martin et al., (2006), Afroz et al., (2009), Ojeda-Benitez et al., (2003)], que afirmam que o rendimento é uma variável explicativa importante e está positivamente correlacionado com a reciclagem.

No que diz respeito ao nível de satisfação dos empresários com os serviços de limpeza do município , verificou-se que constitui um fator determinante estatisticamente significativo da sua atitude em relação à reciclagem. Os empresários que não estão satisfeitos com os serviços de limpeza do município são mais susceptíveis de reciclar do que os empresários que estão satisfeitos.

Finalmente, a partir dos resultados do estudo, foram determinados os factores que influenciam a quantidade de resíduos que as empresas colocam no caixote do lixo. A idade dos empresários e a dimensão das empresas são factores determinantes estatisticamente significativos da quantidade de resíduos que vão parar ao contentor. É mais provável que os empresários mais velhos e as grandes empresas reciclem maiores quantidades de resíduos nos contentores do lixo do que os empresários mais jovens e as empresas mais pequenas.

Além disso, os factores estatisticamente significativos que determinam a quantidade de resíduos que acabam no contentor são o conhecimento dos empresários de que as embalagens de folha de Flandres podem ser recicladas e o seu conhecimento da forma como são pagas as taxas de limpeza. Os empresários que sabem como são pagas as taxas de limpeza têm maior probabilidade de reciclar quantidades menores de resíduos do que aqueles que não sabem.

Por último, a concordância dos empresários com a proposta "se o município de Aigaleo lhe disponibilizasse gratuitamente contentores de reciclagem de papel para uso interior, participaria no programa de reciclagem?" constitui um fator explicativo estatisticamente significativo da quantidade de resíduos depositados nos contentores. Os empresários que concordam com a proposta tendem a reciclar maiores quantidades de resíduos em comparação com os empresários que discordam.

6.2 Hipóteses de investigação

As hipóteses de investigação que foram testadas no presente estudo através de regressões lineares contabilísticas e múltiplas são as seguintes

- H1: O género afecta de forma estatisticamente significativa o comportamento em relação à reciclagem.
- H2: A idade tem um efeito positivo na intensidade da reciclagem.
- H3: O rendimento influencia de forma estatisticamente significativa o comportamento face à reciclagem.
- H4: Os incentivos financeiros afectam de forma estatisticamente significativa o comportamento em relação à reciclagem.

De acordo com os resultados do estudo, a hipótese H1 é rejeitada, o que significa que o género e o comportamento em relação à reciclagem não estão significativamente relacionados. Além disso, a hipótese H2 não é confirmada, uma vez que a idade não está correlacionada com o comportamento em relação à reciclagem. A hipótese H3 é confirmada, pelo que o rendimento constitui um fator determinante da reciclagem. Finalmente, a hipótese H4 é confirmada, no que diz respeito aos cidadãos do município, pelo que os incentivos financeiros constituem um fator determinante da reciclagem.

6.3 Síntese das conclusões

O objetivo do presente estudo foi o de procurar os factores determinantes da reciclagem e da reciclagem de papel dos cidadãos e empresários do Município de Aigaleo. Após a revisão da literatura de outros estudos empíricos relacionados com os factores determinantes da reciclagem e da reciclagem de papel, foi realizado um estudo por amostragem aos cidadãos e empresários do Município de Aigaleo, do qual emergiram várias conclusões em relação aos factores que influenciam os cidadãos e as empresas a reciclar. É de salientar que várias das conclusões da pesquisa primária deste estudo estão de acordo com os estudos empíricos que foram revistos. E também algumas das conclusões estão em contradição com as conclusões dos estudos empíricos.

O presente estudo mostrou que determinados factores influenciam o comportamento dos cidadãos do município de Aigaleo relativamente à reciclagem. Em relação aos factores demográficos e financeiros, o rendimento mensal líquido é um dos factores determinantes estatisticamente mais importantes da reciclagem. Esta constatação está em parte de acordo com os resultados de outros estudos relativos ao aparecimento do rendimento como fator determinante da reciclagem. No entanto, a maioria dos estudos inquiridos [Smallbone (2005), Jenkins et al., (2003), Martin et al., (2006), Afroz et al., (2009), Ojeda-Bentitez et al, (2003)] indicam que o rendimento está positivamente correlacionado com a reciclagem, ou seja, os consumidores com rendimentos mais elevados são mais susceptíveis de reciclar do que os consumidores com rendimentos mais baixos, o que é contrário aos resultados da regressão logística do presente estudo, que mostrou que os cidadãos de Aigaleo com rendimentos mais baixos são mais susceptíveis de reciclar do que os cidadãos com rendimentos mais elevados.

Outro fator determinante estatisticamente significativo da reciclagem é o nível de sensibilização dos cidadãos para as questões ambientais e os seus conhecimentos sobre a utilização de caixotes do lixo azuis. Os cidadãos com um elevado nível de sensibilização para as questões ambientais e com conhecimentos sobre a utilização de caixotes do lixo azuis são mais susceptíveis de reciclar do que os cidadãos com um nível de sensibilização mais baixo para as questões ambientais e em correlação com os que não sabem.

Além disso, a motivação dos cidadãos em relação à sua família e ao seu ambiente amigável para participar na reciclagem constitui um fator determinante estatisticamente significativo da reciclagem. Num resultado semelhante concluiu-se também o estudo de Vicente e Reis (2007). Finalmente, os incentivos financeiros constituem factores determinantes estatisticamente significativos da reciclagem. Esta conclusão confirma o resultado do estudo de Yau (2010).

No que diz respeito aos factores que afectam a frequência de reciclagem pelos cidadãos, os resultados deste estudo indicam que o rendimento familiar mensal líquido e a participação em programas voluntários para a melhoria da reciclagem constituem determinantes estatisticamente significativos da frequência de reciclagem de papel.

Além disso, a atitude dos cidadãos em relação à reciclagem do alumínio também afecta positivamente a frequência da reciclagem.

No que se refere às empresas, os resultados do presente estudo mostram que poucos e específicos factores influenciam o seu comportamento em relação à reciclagem. Especificamente, o rendimento constitui um fator determinante estatisticamente significativo da atitude das empresas em relação à reciclagem. Esta conclusão confirma os estudos de [Smallbone (2005), Jenkins et al., (2003), Martin et al., (2006), Afroz et al., (2009), Ojeda-Bentitez et al., (2003)], que indicam que o rendimento é uma variável explicativa importante e está positivamente correlacionado com a reciclagem. Além disso, o nível de satisfação dos empresários com os serviços de limpeza do município constitui um determinante estatisticamente significativo da sua atitude em relação à reciclagem.

Finalmente, os resultados do estudo indicam que a idade dos empresários, a dimensão da empresa e o conhecimento dos empresários sobre a forma como são pagas as taxas de limpeza constituem factores estatisticamente significativos na quantidade de resíduos depositados nos contentores. Também influenciam positivamente a quantidade de resíduos depositados nos contentores o conhecimento dos empresários de que as embalagens de folha de Flandres podem ser recicladas e a sua concordância com a proposta *"se o município de Aigaleo lhe fornecesse gratuitamente contentores de reciclagem de papel, participaria no programa de reciclagem?"*

REFERÊNCIAS ESTRANGEIRAS

Afroz, R., Hanaki, K. &Tudin, R. (2011), *Factores que afectam a produção de resíduos: um estudo num programa de gestão de resíduos na cidade de Dhaka, Bangladesh.* Environmental Monitoring and Assessment. [Online]. 179 (1-4). p.509-519. http://link.springer.eom/article/10.1007/s10661-010-1753-4

Aljaradin, M., Persson, K.M. & Hossam, A. (2011), *Public awareness and willingness for recycle in Jordan.* Revista Internacional de Investigação Académica. [Online]. 3 (1). p.508-510. http://www.researchgate.net/publication/215700052 Public Awareness and Willing ness for Recycle in Jordan/file/9fcfd50581c8b6ae19.pdf

Hornik, J., Cherian, J., Madansky, M. & Narayana, C. (1995), *Determinants of recycling behavior: A synthesis of research results.* Journal of Socioeconomics. [Online]. 24 (1). p.105-127. http://www.sciencedirect.com/science/article/pii/1053535795900322

Jenkins, R.R., Martinez, S.A., Palmer, K. & Podolsky, M.J. (2003), *The determinants of household recycling: a material-specific analysis of recycling program features and unit pricing.* Journal of environmental economics and management. [Online]. 45 (2). p.294-318. http://www.sciencedirect.com/science/article/pii/S0095069602000542

Kipperberg, G. & Larson, D.M. (2012), *Heterogeneous Preferences for Community Recycling Programs (Preferências heterogéneas para programas comunitários de reciclagem).* Economia do ambiente e dos recursos. [Online]. 53 (4). p.577-604. http://link.springer.com/article/10.1007/s10640-012-9578-y

Kishino, H., Hanyu, K., Yamashita, H. & Hayashi, C. (1998), *Correspondence analysis of paper recycling society: consumers and paper makers in Japan.* Resources, Conservation and Recycling. [Online]. 23 (4). p.193-208. http://www.sciencedirect.com/science/article/pii/S0921344998000299

Kishino, H., Hanyu, K., Yamashita, M. & Hayashi, C. (1999), *Recycling and consumption in Germany and Japan: a case of toilet paper.* Resources, Conservation and Recycling. [Online]. 26 (3-4). p.189-215. http://www.sciencedirect.com/science/article/pii/S0921344999000063

Martin, M., Williams, I.D. & Clark, M. (2006), *Social, cultural and structural influences on household waste recycling: Um estudo de caso.* Recursos, conservação e reciclagem. [Online]. 48 (4). p.357-395. http://www.sciencedirect.com/science/article/pii/S0921344906000218

McDonald, S. & Ball, R. (1998), *Public participation in plastics recycling schemes.* Recursos, conservação e reciclagem. [Online]. 22 (3). p.123-141. http://www.sciencedirect.com/science/article/pii/S092134499700044X

McDonald, S. & Oates, C. (2003), *Reasons for non-participation in a kerbside recycling scheme.* Recursos, conservação e reciclagem. [Online]. 39 (4). p.369-385. http://www.sciencedirect.com/science/article/pii/S092134490300020X

Sidique, S.F., Joshi, S.V. & Lupi, F. (2010), *Factores que influenciam a taxa de reciclagem: Uma análise dos condados do Minnesota.* Recursos, Conservação e Reciclagem. [Online]. 54 (4). p.242-249. http://www.sciencedirect.com/science/article/pii/S0921344909001839

Smallbone, T. (2005), *How can domestic households become part of the solution to England 's recycling problems?* Business Strategy and the Environment. [Online]. 14 (2). p.110-122. http://onlinelibrary.wiley.com/doi/10.1002/bse.442/abstract

Straughan, R.D. & Roberts, J.A. (1999), *Environmental segmentation alternatives: a look at green consumer behavior in the new millennium.* Journal of Consumer Marketing. [Online]. 16 (6). p.558-575. http://www.emeraldinsight.com.ezproxy.liv.ac.uk/journals.htm?articleid=856339

Do Valle, P.O., Reis, E., Menezes, J. & Rebelo, E. (2004), *Behavioral determinants of household recycling participation - the Portuguese case.* Ambiente e comportamento. [Online]. 36 (4). p.505-540. http://eab.sagepub.com/content/36/4/505.short

Vicente, P. & Reis, E. (2007), *Segmentação dos agregados familiares de acordo com as atitudes de reciclagem numa área urbana portuguesa.* Recursos, Conservação e Reciclagem.

[Online]. 52 (1). p.1-12.
http://www.sciencedirect.com/science/article/pii/S0921344907000092
Yau, Y. (2010), *Domestic waste recycling, collective action and economic incentive: The case in Hong Kong. Waste Management*. [Online]. 30 (12). p.24402447.
http://www.sciencedirect.com/science/article/pii/S0956053X10003247

REFERÊNCIAS GREGAS

Bournova Eugenia (2002), *"From the new Kydonies to the Municipality of Aigaleo"*, Publicações Plethron e Município Aigaleo, Atenas.

Hadjipavlou Helen (2002), *"Sports and Local Authorities - Case Study the Municipality of Aigaleo"*, tese T.E.I. de Kalamata, Atenas.

Lyras Theodore (2003), *"Provision of Social Services in the Municipality of Aigaleo"*, tese T.E.I. de Kalamata.

Michiotis Nikos (1998), *"60 years in local authorities of Aigaleo"*, Publicações K. e G. Papoulias Co., Atenas.

Estudo do Programa Operacional do Município de Aigaleo (2007-2010), Grupo de Trabalho Interscientífico.

Passas Xenophontas (2010), *"The contribution of the Aigaleo Park (Baroutadiko) in the sustainable development of the Municipality of Aigaleo, Harokopio University of Athens"*, Departamento de Economia Doméstica e Ecologia, Atenas.

Número periódico da 3ª Escola Secundária de Aigaleo (2002), *"A SALA"*, 5ª edição, Publicações Nikos Sanidas, Atenas.

Projeto escolar da 16ª Escola Primária de Aigaleo (2004), *"O Pyritidopoieio (Baroutadiko) Ontem, Hoje, Amanhã"*, Atenas.

MIX
Papier aus verantwortungsvollen Quellen
Paper from responsible sources
FSC® C105338

Printed by Books on Demand GmbH, Norderstedt / Germany